내 몸의 만능일꾼,
glutamic acid 글루탐산

내 몸의 만능일꾼,

glutamic acid

글루탐산

MSG를 훌쩍 뛰어넘는 아미노산, 단백질,
생명현상 이야기

최낙언 지음

뿌리와
이파리

왜 엄마 젖에는
글루탐산이 많을까?

내가 글루탐산에 관심을 가지게 된 이유는 MSG(글루탐산나트륨) 때문이었다. 2013년에 맛과 향에 대한 오해가 많아서 『Flavor 맛이란 무엇인가』를 썼다. 그런데 당시에는 MSG의 안전성에 대한 논란이 많았던 때라, 이 책과 관련하여 인터뷰나 다른 세미나를 할 때면 MSG가 과연 안전한지를 묻는 질문이 끊이지 않았다. 맛(미각)을 설명하려면 감칠맛을 설명해야 하고, 감칠맛을 설명하기 위해 글루탐산(MSG)을 잠깐 언급했을 뿐인데, 항상 MSG가 주인공이 되어버렸다. 그래서 결국 『감칠맛과 MSG 이야기』라는 책까지 쓰게 되었다.

그 책을 쓰기 전까지 나는 '왜 우리 몸은 그렇게 많은 물질 중에 글루탐산을 감칠맛으로 느낄까?', '모유에는 왜 그렇게 글루탐산이 많을까' 등이 궁금했다. 그런데 그 책을 쓰며 글루탐산의 기능을 하나하나 추적하는 과정에서, 굳이 답을 찾을 필요가 없을 정도로 글루탐산이 중요하다는 사실을 알게 되었다. 우리 몸이 글루탐산을 감칠맛으로 감각하고 모유에 글루탐산이 많은 것은 아주 현명한 선택이었다.

글루탐산의 기능은 정말 많다. 그런데 아무도 글루탐산이 소중하다고 생각하지도 않고 그 중요성을 인정하지도 않는다. 글루탐산은 우리 몸에서 가장 열심히 일하고, 가장 푸대접을 받는 존재인 것이다. 그래서 언젠가 글루탐산을 주제로 책을 써보고 싶었다.

생명에서 가장 중요한 분자를 하나만 꼽으라면 무엇을 선택해야 할까? 물이 강력한 후보다. 대체로 한 생명체 무게의 60퍼센트 이상을 차지한다. 그래서 생명이 있을 만한 외계 행성을 탐색할 때도 물의 존재 여부를 가장 먼저 확인한다. 포도당도 강력한 후보다. 포도당은 생명이 만든 모든 유기물의 시작이다. 식물이 하는 가장 중요한 활동이 광합성을 통해 포도당을 만드는 일이며, 식물은 그 포도당을 이용하여 탄수화물과 지방 등 생명체에게 필요한 거의 모든 분자를 만든다. 지구상에 존재하는 화학물질의 종류가 3000만 종이 넘는다고 추정되는데, 그중 95퍼센트는 식물이 포도당으로 만들었다. 식물은 위대한 유기화학 공장이고, 유기물 제작 공정의 시작이 포도당인 것이다. 심지어 포도당으로 물마저 만들 수 있다. 우리가 호흡을 하면 포도당은 이산화탄소와 수소로 분해되는데, 수소는 다시 산소와 결합하여 물이 된다. 그렇게 우리 몸 안에서 만들어진 물이 하루에 600~800그램이다.

그런데 이처럼 위대한 포도당도 할 수 없는 일이 있으니 바로 단백질을 만드는 일이다. 동물에게 특히 중요한 이 단백질은 아미노산으로 이루어지며, 아미노산을 구성하는 원자의 16퍼센트가 질소(N)

다. 아미노산을 만들기 위해서는 질소가 필요하다. 하지만 포도당($C_6H_{12}O_6$)만으로는 질소를 공급할 수 없다.

그렇다면 어떻게 질소를 얻어야 할까? 사실 질소는 우리 주변에 너무나 흔하다. 우리가 숨 쉬는 공기의 80퍼센트가 질소다. 하지만 공기 중의 질소(N_2)는 생명체에게는 아무런 쓸모가 없다. 질소에 수소(H)가 첨가되어 암모니아(NH_3) 형태가 되어야 비로소 생명체에게 쓸모가 있다.

질소를 암모니아 형태로 고정하는 능력을 갖춘 생명체가 처음으로 등장한 시기는 35억 년 이전으로 추정된다. 그런데 그 이후로 오랜 시간이 지났음에도 우리 주변에 질소고정을 하는 생명체는 정말 드물다. 예를 들어 식물은 매우 독립적이어서 물, 햇빛, 이산화탄소만 있으면 자신에게 필요한 모든 것을 만들어 자급자족하려 하는데, 질소고정만큼은 스스로 하기를 포기했다. 질소에 수소를 첨가하여 암모니아를 만드는 것(질소고정)보다 물과 이산화탄소를 가지고 포도당을 만드는 것(광합성)이 훨씬 힘들어 보이는데, 왜 식물은 질소고정을 포기했을까?

이런 질문을 이어가다 보면 '우리가 생명현상에서 정말 소중한 것이 무엇인지 얼마나 알고 있을까?'라는 질문에 마주하게 된다. 그래서 이번 책을 쓰게 되었다. 요즘은 생명에 관한 지식이 과거보다 정말 많이 증가했지만, 정작 정말 소중한 것이 무엇인지 차분히 생각해볼 기회가 별로 없는 듯하다. 그래서 중심을 잡지 못하고 이런저런 소문에 너무 휘둘린다. 생명현상에서 정말 소중하지만 우리가 거의 관심을 가지지 않았던 것이 무엇인지 알아보고자 한다.

제1부에서는 글루탐산을 매력을 알아보고자 한다. 질소고정과 식물의 아미노산 합성 과정을 알아보면, 모든 아미노산의 시작은 글루탐산이라는 사실을 알 수 있다. 글루탐산은 모든 단백질 합성에 가장 기본이 되는 아미노산이다. 글루탐산 자체로 하는 역할도 정말 많다. 뇌에서 가장 많이 쓰이는 신경전달물질이라, 만약에 뇌에서 글루탐산이 사라지면 우리의 의식도 바로 사라지게 될 것이다. 엽록소와 헤모글로빈의 핵심 구조도 글루탐산으로 만들어진다. 우리 몸에서 가장 폭넓게 쓰이고 부작용은 가장 없는 아미노산인데, 감칠맛(MSG)과 관련된 오해도 정말 많았다. 글루탐산 하나만 제대로 알아도 아미노산과 단백질이 새롭게 보일 것이다. 생명현상 중에 글루탐산에 연결되지 않는 것이 드물고, 알고 보면 글루탐산만큼 매력적인 분자도 없다.

제2부에서는 식품의 의미를 다시 생각해보고자 한다. 음식은 생존을 위해 반드시 먹어야 하지만 그만큼 우리의 몸에 부담을 주기도 한다. 근본적으로 우리는 왜 먹어야 살 수 있는지 알아보고 음식의 부작용도 알아보고자 한다. 우리가 무병장수를 꿈꾼다면 이러한 근본적인 의미를 다시 한번 생각해봐야 하며, 글루탐산에 대한 지식은 그 의미를 파악하는 데에 밑바탕이 될 것이다.

글루탐산 이야기는 단백질과 아미노산의 이야기이자, 맛의 이야기도 되고, 발효와 미생물의 이야기도 되고, 미네랄의 이야기도 된다. 가장 평범하면서 비범한 아미노산인 글루탐산을 통해 음식의 진정한 가치와 생명에서 가장 소중한 현상을 알아보고자 한다.

차례

◇◇◇◇

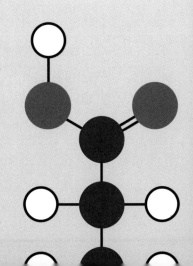

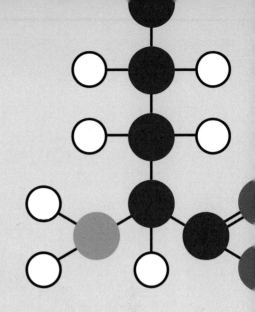

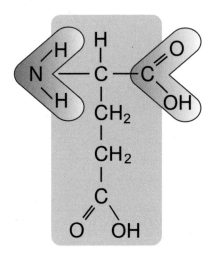

그림 1 글루탐산의 분자식

딱 한 가지 분자를
무한히 공급받을 수 있다면

세상에서 가장 강력한 건강식품은

물이다 ◇◇◇◇◇　　모든 사람이 무병장수를 꿈꾼다. 그리고 건강을 지키는 데에 식품의 역할이 매우 중요하다고 생각한다. 그래서 건강과 식품에 관한 이야기는 정말 많고 다양하다. 하지만 거기에 담긴 생각과 지식은 너무나 제각각이다. 이 사람 말 다르고 저 사람 말 다르며, 오늘 말 다르고 내일 말 다르다. TV에서 ○○식품이 좋다고 하면 슈퍼에서 그 물건이 금방 동이 나고, 주변에서 누군가 무엇을 먹었더니 몸이 아주 좋아졌다고 소문이 나면 누구나 관심을 보인다. 좋아진 구체적인 이유가 무엇인지, 그것이 본인에게도 효과가 있을지는 별로 생각하지 않는다.

　사람들은 막연히 어떤 특별한 식품으로 건강을 챙길 수 있다고 믿는다. 하지만 세상에 물보다 탁월한 건강식품은 없다. 몸에 좋다는 다른 음식을 모두 합해도 물을 이길 수는 없다. 믿기지 않으면 물을 마시지 않고 이틀만 참아보면 된다. 그 사이 과일, 채소, 소고기, 치킨, 밥 등 어떤 식품이든 다 먹어도 된다. 단지 바짝 건조시켜 물을 완전히 제거하고 먹어야 한다. 설탕과 식용유는 수분이 없으니 마음껏 먹어도 되고, 쌀, 밀가루, 비스킷, 스낵에는 수분이 10퍼센트 정도 있지만 그 정도는 그냥 먹어도 봐주겠다.

우리는 음식이 없이는 제법 버텨도 물이 없으면 사흘을 넘기기 힘들다. 물이 부족하면 내 몸에서 일어나는 모든 생명현상에 문제가 생기기 시작하고 타는 갈증을 느끼게 된다. 이 문제는 물을 마셔야만 해결할 수 있다. 갈증을 해소해주는 물만큼 강력한 쾌감을 주는 음식도 없다. 하지만 물을 건강식품이라고 팔지는 않는다.

물은 그냥 깨끗한 물이면 그만이다. 뭔가 특별한 성분이나 신비는 필요 없다. 물의 효능은 물의 종류가 아니라 내 몸의 상태에 따라 바뀐다. 타는 갈증에서는 물이 천하의 명약이고, 목마르지 않을 때 물은 그냥 물일 뿐이다. 물도 과잉일 때는 당연히 독이다. 물처럼 몸에 좋은 음식은 없지만 무작정 많이 먹는다고 몸이 좋아지지도 않는다. 이것은 모든 식품에 적용되는 가장 근본적인 원리다. 산삼이든 녹용이든 포도당이든 단백질이든 비타민이든 미네랄이든, 그 어떤 것도 자체에 특별한 기능이 있지는 않다. 우리 몸에 부족한 성분을 채워주면 약이고, 과잉이면 무조건 독이 된다.

물은 건강을 지키고 생존하는 데에 가장 필수적인 음료지만, 물을 숭배하는 사람은 많지 않다. 물에 신비한 기운이 있다고 믿지도 않는다. 그렇다면 물에 비해 전혀 특별하지 않은 비타민, 프로바이오틱스,

효소 식품, 항산화제 등을 신비화할 필요는 전혀 없다. 우리가 더 관심을 가져야 할 대상은 음식이 아니라 그것을 활용하는 우리의 몸이다. 음식의 효능은 그 자체에 있지 않고 그것을 흡수하고 활용하는 우리의 몸에서 비롯되기 때문이다. 이제는 식품을 좀 더 담담하게, 그리고 제대로 알아볼 필요가 있다.

식품의 기본 가치는 어쩌면 식품학자보다 우주선을 설계하는 사람이 더 잘 알지도 모른다. 인간이 생존하는 데에 필요한 것이 무엇인지 물으면, 식품학자는 머뭇거려도 우주선을 설계하는 사람은 즉각 이렇게 대답할지도 모른다. "성인이면 하루에 600리터(860그램)의 산소, 2.5리터의 물, 2800킬로칼로리 이상의 식량, 그리고 0.5기압 이상의 기압, 이산화탄소를 제거해주는 장치가 있어야 살아갈 수 있다."

화성 탐사에서 가장 큰 걸림돌은 우주인들의 식량이다. 하루에 필요한 물, 음식, 산소의 무게를 합하면 총 5킬로그램이나 된다. 화성 왕복에 1년이 걸린다면 1인당 1825킬로그램이라는 어마어마한 양이 필요하다. 우주인이 오래 머무르는 우주정거장에서는 필요한 식량 중에서 물의 무게라도 최대한 줄이기 위해, 물을 회수하고 정수하는 온갖 장치를 이용하여 93퍼센트의 물을 재사용한다. 그렇게 하지 않으면, 물만 해도 약 900킬로그램을 실어야 한다. 우주선을 설계하는 사람이라면, 인간에게는 도대체 왜 그리 많은 물이 필요하냐고 묻지 않을 수 없을 것이다.

물은 생명에 가장 중요한 분자이므로 '생명은 움직이는 물주머니'라고 할 수도 있다. 세상에는 정말 다양한 생물이 살지만 물이 없이 사는 것은 없으며, 이는 인간도 예외가 아니다. 인간은 체중의 60퍼센트 이상이 물이다. 체중이 70킬로그램이라면 항상 40킬로그램 이상의 물을 짊어지고 다니는 셈이다.

각 장기별로 물이 차지하는 무게 비율을 따져보면, 물이 가장 많아 보이는 혈액은 83퍼센트가 물이고 고형분이 17퍼센트다. 그런데 단단해 보이는 근육도 75퍼센트가 물이며 고형분은 25퍼센트에 불과하다. 액체처럼 보이는 혈액과 단단해 보이는 근육이 생각보다 차이가 없는 것이다. 림프의 94퍼센트가 물이고, 신장의 83퍼센트, 간의 85퍼센트, 폐의 80퍼센트. 심장의 79퍼센트, 뇌의 75퍼센트도 물이다. 심지어 뼈의 22퍼센트도 물이다.

사람들은 자신이 항상 들고 다니는 40킬로그램의 물에 무슨 의미가 있는지는 별로 생각하지 않는다. 물은 쉽게 구할 수 있어서 그 의미가 중요하게 여겨지지 않는다. 사람들은 아마도 그냥 어쩌다 보니 40킬로그램의 물을 지니게 되었다고 생각하는 듯하다. 그런데 40킬로그램은 정말 부담스러운 무게다. 몸무게를 단지 5킬로그램만이라도 줄이기 위해 모질게 다이어트를 해보면 알 수 있다. 우리는 왜 40킬로그램이나 되는 무게를 항상 가지고 다닐까?

한편 우리는 그 40킬로그램 중에서 2퍼센트, 즉 1킬로그램 정도만 부족해도 심한 갈증을 느낀다. 이것은 아무리 심한 갈증도 1리터 물한 병 정도를 마시면 해소된다는 뜻이다. 그런데 더 나아가 물이 5퍼센트 부족하면 혼수상태에 빠지고 10퍼센트 이상 부족하면 사망하게 된다. 이처럼 물은 우리에게 가장 결정적인 영양소지만, 왜 그렇게 많은 물이 필수적인지는 별로 관심이 없다.

우리 몸은 물을 정말

아껴 쓴다 ∞∞∞ 물은 매우 단순하면서 심오하다. 물은 매우 특별한 성질을 가지고 있어서 생명에 가장 중요한 용매로 쓰이는데,[*] 중요한 만큼 우리 몸은 물을 함부로 낭비하지 않는다. 소화 과정에서 물의 대사가 어떻게 일어나는지 살펴보며, 우리 몸이 물을 어떻게 아끼는지 알아보자.

우리가 하루 동안 섭취하는 물의 양은 2리터 정도다. 상당히 많은 것처럼 느껴지지만, 하루에 침으로 나오는 양도 1.5리터다. 침이 제대로 나오지 않으면 잇몸 질환이 생기기 쉽고 음식을 삼키기 힘들어진다. 입안에 침이 마르는 병은 그래서 매우 고통스럽다. 그리고 소화를 위해 위에서 위산과 함께 분비되는 물의 양도 1.5리터이며, 간에서 1리터, 췌장에서 1리터, 장에서도 2리터가 분비된다. 하루에 음식물의 소화와 흡수를 위해 내 몸에서 분비하는 물의 양이 총 7리터로, 음식물로 섭취한 2리터보다 3.5배나 많다. 우리 몸이 물을 7리터나 분비하는 이유는 음식물을 맑은 죽과 같은 상태로 만들어야 소화·흡수가 원활히 이루어지기 때문이다.

만약에 그 7리터가 분비된 상태 그대로 배설되면 우리 몸은 도저히 물의 요구량을 감당하지 못할 것이다. 그래서 물은 대부분 재흡수된다. 섭취한 물, 소화를 위해 분비된 물, 소장을 지나면서 대사로 만들어진 물을 포함하여 총 9리터의 물 가운데 8리터 가까이 재흡수되어 약 1.4리터만 대장으로 간다. 소화 과정에서 영양분과 미네랄이 흡

---

[*] 물의 그런 특별한 성질에 관한 자세한 정보는 책 『물성의 원리』를 참고.

수되면, 삼투압에 의해 물도 재흡수된다. 대장으로 간 1.4리터의 물은 그대로 배설될까? 아니다. 대장에서도 악착같이 1.25리터를 추가로 흡수한다. 대장으로 간 물은 음식물 찌꺼기와 섞인 반고체 상태라 흡수가 쉽지 않은데, 대장은 물을 쥐어짜듯 재흡수하여 0.15리터의 물만 대변으로 내보낸다.

　대변으로 배설되는 것 이외에도, 물은 매일 땀과 호흡으로 1리터

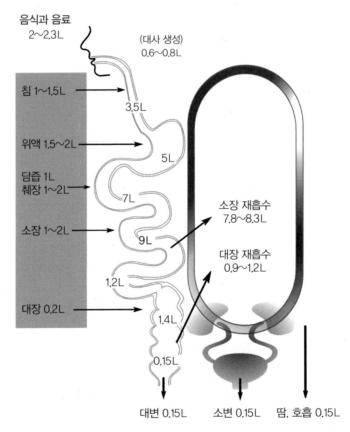

그림 2 물의 섭취, 분비, 재흡수, 배설. 소장에 들어오는 물의 양은 최대 9리터다.

가 배출되고 소변으로 1.5리터가 배출된다. 그래서 우리는 사흘만 물을 마시지 않으면 이렇게 배출되는 양을 감당하지 못하고 죽게 된다. 우리 몸에 그렇게 많은 물이 있음에도 계속 물을 마셔야 하는 이유는, 그 정도로 절박하게 필요해서지 물이 저렴해서가 전혀 아니다. 허기보다 갈증이 훨씬 강한 고통인 데에는 필연적인 이유가 있다.

한편 물의 재흡수는 나트륨의 재흡수와 관련이 있다. 소변으로 배출되는 나트륨은 세뇨관에서 99퍼센트가 재흡수되고 남은 1퍼센트다. 만약 재흡수가 부족하여 나트륨이 그냥 빠져나가면, 우리는 하루에 100그램 이상의 소금을 먹어야 된다. 나트륨이 재흡수되면서 체액의 삼투압이 높아짐에 따라, 소변에 있는 물도 세포막의 물 통로를 통해 재흡수된다.

그런데 물만으로는

살 수 없다 ⚬⚬⚬⚬ 물이 최고의 건강식품이고 생존에 가장 많이 필요한 분자다. 하지만 우리는 물만으로는 살 수 없다. 우리가 활동하기 위한 에너지를 얻고 몸의 부품을 만드는 데에 또 다른 여러 가지 분자가 필요하기 때문이다.

그런데 우리 몸에 필요한 에너지와 부품의 실체가 무엇일까? 나트륨 통로만 제대로 이해해도 생각보다 많은 정보를 얻을 수 있다 (그림 3). 나트륨 통로는 뇌에서 신경을 전달하거나, 콩팥이나 대장에서 나트륨을 재흡수하는 일을 하는 나트륨펌프다. 뇌가 정상적으로 작동하려면 뇌 속의 신경세포는 끊임없이 전기적 신호를 주변의 신경세포에 전달해야 한다. 신경세포가 전기적 신호를 만들려면 세포막에 있는 나트륨 통로(채널)를 열면 된다. 그러면 밖에 있던 나트륨 이온(Na^+)이 그 통로를 통해 대량으로 세포 안으로 쏟아져 들어가 순간적인 전위차에 의한 펄스(신호)가 만들어진다. 그런데 한번 신호가 만들어진 뒤 그다음 신호를 만들기 위해서는 나트륨 이온을 다시 세포 밖으로 퍼내야 한다. 밖에서 안으로 들어오는 일은 나트륨 이온의 농도차에 의해 자연스럽게 일어나지만, 농도 차이에 역행해서 안에서 밖으로 퍼올리는 일에는 에너지가 필요하다.

뇌가 차지하는 부피는 몸의 2퍼센트인데, 사용하는 에너지는 몸 전체에서 사용하는 에너지의 20퍼센트나 된다. 그 20퍼센트의 절반인 10퍼센트가 나트륨 이온을 다시 신경세포 밖으로 퍼내는 데에 쓰인다. 신경세포는 나트륨 채널을 개방하여 신호를 만들고 즉시 다시 퍼내기를 0.01초 단위로 반복해야 한다. 나트륨펌프를 작동시키는 일에 ATP라는 분자가 쓰인다.

ATP는 아데노신삼인산(adenosine tri-phosphate)의 영문 약자로, 아데노신에 인산기(-PO3-)가 3개 달린 물질이다. ATP는 우리 생활에서 배터리와 같은 존재다. 배터리가 떨어지면 휴대폰이 작동을 멈추듯이 우리 몸에 ATP가 떨어지면 생명은 멈춘다. ATP가 생명 에너지의 실체인 것이다. 휴대폰은 하루 에너지 사용량 이상을 충전할 수 있지만, 우리 몸은 에너지 사용량이 워낙 많아 2분 사용량 이상의 ATP를 비축하지 못한다. 그리고 휴대폰은 배터리가 다 닳아도 재충전하면 되살아나지만, 생명은 일단 완전히 방전되어 멈추고 나면 다시 충전할(되살릴) 방법이 없다. 우리가 물 이외에 다른 것을 먹어야

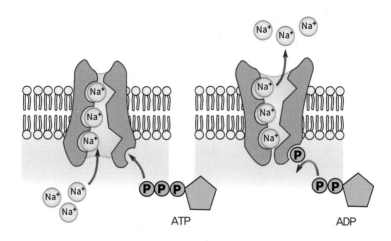

그림 3 신경세포에서 나트륨펌프의 작동과 ATP의 역할. 이때 ATP는 인산기가 하나 떨어져 나가 ADP(adenosine di-phosphate, 아데노신이인산)가 되면서 나트륨 펌프를 작동한다.

하는 첫 번째 이유는 끝없이 몸에서 ATP를 만들어야 하기 때문이다.

그리고 그 두 번째 이유는 세포막, 나트륨펌프와 같은 생명의 부품(엔진)을 만들어야 하기 때문이다. 한번 만들어진 생명의 부품은 영원히 쓰이지 않는다. 일정 시간이 지나면 망가지는 것들이 많으므로, 그 부품을 만드는 데에 사용되는 분자도 꾸준히 필요하다. 예를 들어 나트륨펌프는 단백질이므로 아미노산이 필요하고, 세포막은 인지질이므로 지방산이 필요하다. 단백질이나 세포의 수명은 영원하지 않아서, 시간이 지나면 새로 만들어줘야 한다.

포도당이 모든 유기물의
시작이다 ∞∞∞∞ 우리 몸은 30조 개의 세포로 되어 있고 세포의 종류는 250종이 넘는다. 이런 몸을 만들기 위해서는 정말 다양한 부품이 필요해 보이지만, 그것을 구성하는 기본 분자와 원자는 생각보다 단순하다. 그리고 우리가 먹는 음식의 종류가 정말 다양하기 때문에 음식으로 받아들이는 분자도 정말 다양할 것 같지만, 생각보다 비슷하다. 거의 대부분 포도당에서 만들어지기 때문이다.

동물은 입으로 음식을 먹고 살지만, 식물은 입이 없다. 식물은 물과 이산화탄소만 있으면 빛(햇빛)을 에너지원으로 광합성을 해서 생존에 필요한 거의 모든 유기물을 만들어 쓸 수 있기 때문이다. 광합성은 생물계에서 중요한 화학 작용의 하나다. 광합성을 극단적으로 단순하게 표현하면 아래 〈그림 4〉와 같다. 우선 엽록소로 빛의 에너지를 흡수하여 물을 분해한다. 2개의 물 분자(H_2O)를 분해하면 1개의 산소 분자(O_2)와 4개의 수소이온(H^+)이 생긴다. 이 수소이온의 농도 차이를 이용하여 ATP를 만들고, ATP를 이용하여 이산화탄소(CO_2)에 수소(H_2)를 첨가해 포도당(CH_2O를 6개를 결합한 6탄당($C_6H_{12}O_6$))을 만든다.

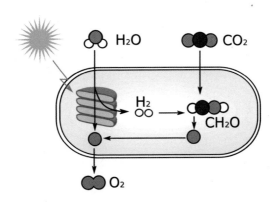

그림 4 광합성의 간략한 모식도

물론 실제 광합성은 이보다 훨씬 복잡하지만, 구체적인 과정은 나중에 다시 알아보자. 여기서는 물, 이산화탄소, 산소, 포도당 이렇게 4개의 분자가 모든 생명현상에서 시작이 되는 분자라는 것만 기억해두면 충분하다.

식물에는 탄수화물이 많다. 광합성은 포도당을 만드는 과정이고, 포도당을 변형하면 과당이나 설탕 등 수많은 당류가 만들어진다. 포도당 수백~수만 개를 길게 이으면 전분이나 셀룰로스 또는 식이섬유가 된다. 설탕, 전분, 셀룰로스 등은 전부 탄수화물이다. 식물은 이런 식으로 포도당을 이용하여 3000만 종류에 가까운 유기화합물을 만든다. 심지어 자신의 몸도 포도당으로 만든다. 식물은 영양분을 주로 전분의 형태로 저장하며, 나무는 몸이 대부분 셀룰로스로 되어 있다.

식물에서 물과 탄수화물이 차지하는 비율을 합하면 93퍼센트 정도이므로, 탄수화물을 이해하는 것은 곧 식물을 이해하는 것이라고도 할 수 있다. 세상에서 가장 풍부한 유기물인 셀룰로스는 포도당을 직선형으로 쭉쭉 연결한 것들의 다발이 매우 촘촘하고 단단하게 결합한

단당류	올리고당류	다당류
포도당 과당 갈락토스	이당류 - 맥아당: 포도당 + 포도당 - 설탕: 포도당 + 과당 - 유당: 포도당 + 갈락토스 물엿, 올리고당 덱스트린	소화 가능 - 식물: 전분(아밀로스, 아밀로펙틴) - 동물: 글리코겐 소화 불가능 - 불용성: 셀룰로스, 불용성 식이섬유 - 수용성: 증점제, 수용성 식이섬유

표 1 포도당의 다양한 변신. 포도당이 약간의 형태가 바뀌면 과당이나 갈락토스가 되고 이것과 합하여 올리고당이 되기도 한다. 포도당이 수백~수만 개 결합하면 전분, 글리코겐, 셀룰로스 등이 된다.

분자다. 그 단단한 결합을 풀고 하나하나 떼서 포도당으로 분해할 수 있는 생명체는 거의 없다. 우리가 음식물로 주목해야 하는 유기물은 셀룰로스만큼이나 풍부한 전분이다. 전분은 포도당을 스프링처럼 나선형으로 연결하여 사이사이에 공간이 많다. 나선끼리의 결합도 강하지 않아 쉽게 분해된다. 소화(분해)가 쉬운 전분은 세상에서 가장 흔하고 고마운 식재료이자 에너지원이 된다.

포도당은 정말
존중받아야 한다 ◇◇◇◇

병원에 가면 흔히 접하는 포도당 주사액은, 그 성분이 대부분은 물이고 5~10퍼센트의 포도당과 0.9퍼센트 정도의 소금이 들어 있다. 특별한 성분은 없어 보이지만, 사실 포도당 주사보다 보편적인 특효약도 없다. 에볼라 바이러스에 감염되면 치사율이 90퍼센트 정도라고 하는데, 병원에서 다른 치료 없이 포도당 주사를 맞으면서 버티기만 해도 치사율이 50퍼센트로 낮아진다고 한다. 식중독으로 설사를 몇 번만 계속해도 수분과 나트륨이 한꺼번에 너무 많이 빠져나가서 위험할 수 있는데, 포도당 주사만 맞고 있어도 시간이 지나면 대부분 스스로 회복한다. 설사를 통해 장 속에 위험한 균이나 독성물질이 싹 배출되므로, 함께 배출되는 수분과 나트륨 그리고 에너지원인 포도당만 잘 공급하면 큰 문제 없이 회복할 수 있는 것이다.

우리가 오랫동안 굶으면 치명적인 이유도 포도당이 부족하기 때문이다. 섭취한 음식이 부족하면 우리 몸은 먼저 글리코겐 형태로 저장된 포도당을 쓰고, 지방과 단백질도 분해하여 포도당으로 만들어 뇌와 각 세포에 공급한다. 하지만 거기에는 한계가 있다. 우리는 흔히 포도당이 혈관에 과잉으로 남는 당뇨병을 큰 문제라고 생각하지만, 포도당 부족으로 저혈당이 되면 더 급박한 문제가 발생한다. 공복감, 떨림, 오한, 식은땀 등의 증상이 나타나고, 심하면 실신이나 쇼크를 유발, 그대로 방치하면 목숨을 잃을 수도 있다. 식중독 같은 병에 걸린 환자는 음식물을 섭취하기가 어려워 저혈당 증상이 나타나기 쉽다. 모든 영양분 중에 포도당이 가장 많이 필요하고 중요하기에, 병원에서는 이런 환자들에게 포도당 주사를 놓는 것이다.

그 많던 포도당은
누가 다 먹었을까 _&

우리는 음식을 편식하지 말고 골고루 먹으라는 말을 귀가 아프도록 듣지만, 사실 자연은 편식한다. 초식동물은 몇 가지 식물에 의존해 살고, 육식동물은 몇 가지 초식동물에 의존해 산다. 진딧물이나 벌새는 거의 설탕 한 가지에만 의존해 살기도 한다. 어쩌면 인간만이 진정한 초(超)잡식성 동물인지도 모른다. 하지만 인간도 알고 보면 편식한다.

예를 들어 일본인은 근대화 이전에는 생선을 제외한 고기를 먹지 않았다. 그래서 섭취하는 영양분 중 탄수화물의 비율이 80퍼센트에 이를 정도였다. 주로 곡식 등 식물에 의존해 살았기 때문이다. 세상에는 30만 종이 넘는 식물이 있지만, 식용으로 쓰는 것은 300종 정도다. 그중에서도 인간이 식물을 통해 섭취하는 열량의 90퍼센트를 쌀,

밀, 설탕, 옥수수, 콩, 감자, 팜유, 보리, 카사바, 땅콩, 유채기름, 해바라기씨, 수수, 기장, 바나나, 고구마에서 얻는다. 실제로 아시아는 쌀, 유럽은 밀, 아프리카는 카사바, 그리고 일부 지역은 옥수수 한 종으로 얻는 열량이 그곳 사람들이 섭취하는 칼로리의 50퍼센트 이상을 차지하기도 한다.

다양한 식물을 먹든 한 가지 식물을 먹든, 식물의 주성분은 탄수화물이며 특히 전분이 많다. 그리고 전분은 배 속에 들어가면 모두 포도당으로 분해되어 흡수된다. 탄수화물의 종류가 아무리 다양해도 그것을 이루는 분자는 대부분 포도당이니, 우리가 먹는 음식물의 절반 이상이 포도당이라는 단 한 가지 분자로 이루어진 셈이다.

우리가 먹는 음식의 절반 이상이 포도당이면 그것을 먹은 우리 몸속에는 포도당이 많이 있어야 할 것 같다. 하지만 우리 몸에 존재하는 포도당의 양은 무게 비율로 우리 몸의 1퍼센트를 넘는 경우가 없다. 그것도 포도당의 형태가 아니라 다당류인 글리코겐의 형태로 있다. 그 많은 포도당은 도대체 어디로 간 것일까?

우리 몸을 구성하는 성분을 좀 더 자세히 알아보자. 우리 몸은 머리, 몸통, 손, 발, 뼈 등 다양한 기관으로 되어 있지만, 그것을 구성하는 성분은 물, 단백질, 미네랄, 지방, 탄수화물이다. 물의 중량비는 60퍼센트가 넘고, 단백질은 최소 8퍼센트에서 보통 16퍼센트 정도, 지방은 최소 2퍼센트가 필요하지만 보통은 과도하게 존재하여 16퍼센트가 넘는다. 탄수화물(포도당=글리코겐)은 항상 1퍼센트 이하만 존재한다.

우리 몸을 구성하는 성분 비율은 이렇게 분자 단위로 따질 때뿐만 아니라 원자 단위로 살펴보아도 단순하긴 마찬가지다. 우리 몸을 구성하는 원자들 중에서 산소(O)와 수소(H) 두 원자의 무게 비율은 74.5퍼센트다. 여기에 탄소(C) 18퍼센트, 질소(N) 3.2퍼센트를 합하면 총 95퍼센트다. CHON, 이렇게 네 가지 원자가 95퍼센트를 차지하는 것이다. 한편 산소와 수소의 비율 중 물(H_2O)에서 유래한 62퍼센트를 빼면, 탄수화물·단백질·지방을 구성하는 산소와 수소는 각각 10퍼센트, 2.5퍼센트 정도가 된다. 즉, 물을 제외한 CHON의 무게 비율은 C 18, H 2.5, O 10, N 3.2인 것이다. 하지만 이것은 무게의 비율이고, 원자의 개수를 따지면 수소의 비율이 높아진다. 산소의 원자량이 16, 탄소가 12, 질소가 14인 데에 비해 수소는 1에 불과하다. 우

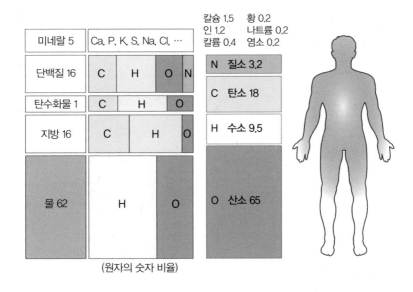

(원자의 숫자 비율)

그림 5 몸을 구성하는 분자와 원자의 무게 비율(%). 가운데 '원자의 숫자 비율' 그림은 각 분자(단백질, 탄수화물, 지방, 물)별로 구성하는 원자의 숫자 비율을 나타낸 것이다. 물(H_2O)은 H와 O의 비율이 2 : 1이며, 단백질은 C, H, O, N 비율이 1 : 2 : 1 : 0.2, 탄수화물은 C, H, O의 비율이 1 : 2 : 1, 지방은 C, H, O의 비율이 1 : 2 : 0.1이다.

리 몸에서 물을 제외한 CHON의 무게 비율을 각각의 원자량을 고려하여 개수 비율로 환산하면 대략 C 6, H 10, O 2.5, N 1 비율이 된다.[*] 수소 원자의 수는 그 무게에 비해 무척 많은 것이다.

많은 사람이 중요시하는 비타민은 우리 몸에서 정작 0.01퍼센트도 차지하지 못하고, 미네랄은 뼈를 구성하는 칼슘과 인산 등 모든 것을 합해도 5퍼센트 미만이다. 인간 이외에 다른 식물과 동물을 구성하는 성분 중에서도 비타민이나 미네랄의 비율은 매우 적다. 구성 비율은 조금씩 다르겠지만, 식물과 동물의 몸도 CHON으로 만들어진 물, 탄수화물, 단백질, 지방이 대부분을 차지한다. 그러므로 이것들만 제대로 알면 생명체에 대한 공부는 대략 끝이다. 식품에 대한 공부도 마찬가지로 물, 탄수화물, 단백질, 지방을 이해하는 것이 핵심이다. 식재료의 대부분은 한때 식물이나 동물이었기 때문이다.

다시 처음의 질문으로 돌아와서, 그 많은 포도당은 우리 몸에서 도대체 어디로 간 것일까? 포도당의 가장 중요한 역할은 연료(에너지원)로 기능하는 것이다. 포도당은 이산화탄소와 수소로 분해되면서 하루에 자기 체중만큼의 ATP를 합성하여, 모든 세포가 살아갈 수 있게 한다.

포도당($C_6H_{12}O_6$)은 먼저 10단계의 복잡한 과정을 거쳐 2분자의 피루브산($C_3H_4O_3$)이 된다. 단순하게 포도당을 절반으로 나누고, 거기서 수소가 2개 떨어져 나온 상태가 피루브산이다. 피루브산은 발효(무산소 호흡) 또는 호흡(유산소 분해)의 원천이 된다. 피루브산에서 산소의

---

[*] 참고로 이 책의 주인공인 글루탐산의 분자식은 $C_5H_9O_4N_1$이다.

공급 없이 젖산이나 알코올이 만들어지는 과정을 발효라고 하고, 산소를 이용하여 피루브산을 이산화탄소로 완전히 연소하는 것을 호흡이라고 한다. 발효를 통해서는 고작 2개의 ATP가 합성되지만, 호흡은 30개 이상의 ATP가 합성되는 과정으로 에너지 효율이 발효보다 15배 이상 높다.

광합성이 이산화탄소에 수소를 첨가하여 에너지를 비축하는 과정이라면, 호흡은 포도당이나 지방 같은 에너지가 높은 상태의 분자를 가장 낮은 상태인 이산화탄소와 수소로 분해하여 ATP를 만드는 과정이다. 이렇게 고에너지 상태의 분자를 저에너지 상태의 분자로 변환하는 과정을 '에너지대사'라고 한다(그림 6). 이때 생성되는 에너지의 양은, 분해되면서 무게당 얼마나 많은 수소 원자가 만들어지는지와

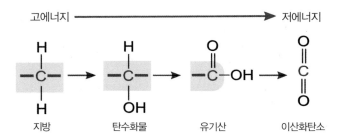

그림 6 포도당의 분해와 에너지 상태의 변화

관련된다. 지방의 기본 구조(H-C-H)는 탄소 원자 하나(원자량 12)당 수소 원자 2개가 결합한 구조(2개/12)로, 무게당 가장 많은 수소 원자가 만들어지기 때문에 에너지 상태가 높다. 탄수화물(H-C-OH)은 탄소(12)와 산소(원자량 16)에 수소 원자 2개가 결합한 구조(2개/28)로 에너지 상태가 중간 정도이며, 산소의 숫자가 더욱 증가한 유기산(-COOH)은 탄소(12) 1개와 산소(16) 2개에 고작 수소 1개가 결합한 구조(1개/44)라 에너지가 낮은 상태다. 그리고 수소 원자가 없는 이산화탄소가 가장 에너지 상태가 낮다.

우리의 몸이 작동하기 위해서는 끊임없이 에너지가 필요하다. 특히 뇌에서 에너지 소비가 많다. 뇌는 ATP를 만드는 에너지원으로 거의 포도당만을 사용하므로, 뇌의 원활한 작동을 위해서는 포도당이 꼭 있어야 한다. 포도당의 부족은 단기적으로 의기소침, 활력 저하, 정신 기능의 지체, 수면 부족, 불쾌감, 신경과민을 불러일으킨다. 장기적으로는 근골격이 약화되며 관절과 결합조직이 영구적인 손상을 입기도 한다. 결국 우리 몸은 끊임없이 포도당을 사용하기 때문에 그것이 축적되는 양은 적은 것이다.

게다가 포도당을 축적한다고 해도, 개별 분자로 보관하면 공간을 많이 차지하고 다른 분자에 영향을 준다. 그래서 생명체는 조금 다른 형태로 포도당을 저장한다. 식물은 포도당을 전분의 형태로 매우 촘촘하게 보관하고, 동물은 글리코겐(glycogen) 형태로 보관한다. 글리코겐은 전분보다 곁가지(side chain)가 많고 곁가지 사이에 공간이 많아서, 효소에 의해 쉽고 빠르게 분해된다. 전분처럼 고밀도 형태로 보관하면, 상대적으로 분해 속도가 느려 폭발적인 에너지를 낼 때 불리

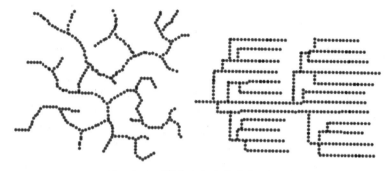

그림 7 글리코겐(왼쪽)과 전분(오른쪽)의 분자 구조

하다. 초식동물은 육식동물에게 잡아먹히지 않으려고 삼십육계 줄행
랑을 치고, 육식동물은 젖 먹던 힘까지 내서 먹잇감을 쫓아야 한다.
살기 위해서는 순간적인 힘이 필요하므로, 동물은 포도당을 전분이
아닌 글리코겐 형태로 보관하는 것이다.

ATP는 생명의

배터리다 .... 광합성의 힘도 ATP에서 나온다. 광합성의 시작은
빛에너지를 이용하여 물을 산소와 수소로 분해하는 일이다. 세포막은
비극성인 지방으로 되어 있으므로, 작고 비극성인 물질은 잘 통과하
고 크거나 극성을 띠는 분자는 잘 통과하지 못한다. 광합성 과정에서
분해되어 나온 산소는 작고 비극성이어서 세포막을 잘 통과하여 쉽게
배출이 되고, 작지만 극성을 띠는 수소이온(H^+)이 남게 된다. 이 수소
이온이 광합성의 핵심이다. 수소이온은 농도 차이에 의해 ATP 합성
효소(ATP synthase)를 통과해서 빠져나가는데, 수소이온 1개가 빠져

나갈 때마다 효소가 1번 회전하게 되고, 효소가 1회전할 때마다 무려 3개의 ATP가 합성된다. 이렇게 만들어진 ATP는 수소이온과 더불어 이산화탄소를 이용하여 포도당을 만드는 데에 쓰인다. ATP 합성효소는 광합성효소인 루비스코와 함께 생명에서 가장 중요한 단백질이며, 이 효소의 메커니즘을 설명한 과학자 폴 D. 보이어(Paul D. Boyer)와 존 E. 워커(John E. Walker)는 1997년에 노벨화학상을 받기도 했다.

호흡은 광합성과 반대로 포도당을 분해하여 에너지를 얻는 과정이다. 포도당을 분해하면 이산화탄소와 수소이온이 나온다. 이산화탄소는 비극성이므로 세포막을 통과하여 빠져나가고, 수소이온은 광합성을 할 때와 마찬가지로 ATP 합성효소를 돌려서 1개의 수소이온당 3개의 ATP가 생산된다. 광합성과 호흡은 정반대의 과정이지만 그 핵심을 이루는 효소는 같다. 이후 빠져나온 수소이온은 우리가 폐로 들이마신 산소와 결합하여 제거된다. 광합성이 이산화탄소에 수소를 붙여 포도당을 만드는 과정이라면(그림 8), 호흡은 산소에 수소를 붙여 물을 만드는 것이다(그림 9).

우리는 3분만 숨을 쉬지 않아도 생명이 위태롭다. 산소의 공급이 중단되기 때문이다. 그래서 산소가 우리 몸에서 아주 다양한 기능을 하는 것처럼 느껴지지만, 실제로 하는 일은 정말 단순하다. 우리에게 실제로 필요한 것은 ATP고, ATP를 만들기 위해서는 포도당을 분해해야 하고, 분해 과정에서 나온 수소이온을 제거하기 위해 산소가 필요할 뿐이다. 사실 산소는 정말 여러모로 애증의 대상이다. 물질대사의 중간 과정에서 활성산소를 만들어 우리를 늙고 병들게 할 뿐 아니라, 물에 거의 녹지 않는 산소를 혈액을 통해 세포 곳곳에 보내는 일

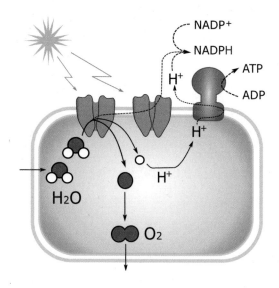

그림 8 광합성의 명반응(light reaction). 명반응이란 빛을 받아 ATP 등 화학에너지를 만들어내는, 광합성의 한 과정이다. NADP(nicotinamide adenine dinucleotide phospate)는 명반응에서 생성된 수소이온과 결합하여 NADPH가 된다. 수소이온이 통과하면서 ATP 합성효소가 회전할 때, ADP가 인산과 결합하여 ATP가 생성된다.

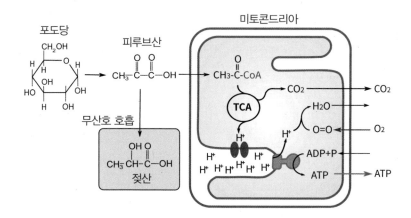

그림 9 미토콘드리아에서의 호흡 과정. 미토콘드리아는 세포에서 ATP가 만들어지는 세포소기관으로, 세포의 발전소다. 포도당에서 분해된 피루브산은 미토콘드리아에서 조효소인 코엔자임A(coenzyme A)와 결합하여 아세틸코엔자임A(아세틸–CoA)가 된다. 그리고 TCA회로(tricarboxylic acid cycle)를 거쳐 이산화탄소와 수소이온으로 분해된다.

이 보통 일이 아니기 때문이다.

혈액에는 여러 세포가 있는데, 그중에서 적혈구가 가장 많다. 사람의 혈액 1세제곱밀리미터에 적혈구는 약 500만 개가 존재한다. 숫자로는 혈액에 존재하는 세포의 90퍼센트가 넘고, 그 부피는 42~46퍼센트를 차지한다. 사람의 몸에 피가 약 5리터 있으므로 적혈구는 약 25조 개가 있고, 수명이 120일이니 1초마다 파괴되고 새로 만들어지는 적혈구만 약 250만 개다. 그렇게 많은 적혈구가 필요한 이유는 산소가 물에 잘 녹지 않기 때문이다. 그리고 이 적혈구가 있는 혈액을 몸 전체에 순환시키기 위해 사람의 심장은 1분에 약 70회 뛴다. 1시간에 4200회, 하루로 치면 무려 10만 회 이상 움직인다. 산소를 운반하기 위해 우리 몸과 심장은 생각보다 정말 많은 짐을 지고 있는 것이다.

1개의 적혈구 안에는 헤모글로빈이라는 단백질이 2억 8000만 개 정도 들어 있다. 헤모글로빈마다 산소와 잘 결합하는 철 이온이 있어서, 적혈구에는 헤모글로빈이 없는 상태에서보다 산소가 60~65배 더 많이 포집된다. 1개의 적혈구는 약 11억 2000만 개의 산소 분자를 운반할 수 있다. 그렇게 해서 하루 동안에 우리 몸에 공급되는 산소는 600리터(860그램) 정도다.

만약에 산소가 물에 조금만 더 잘 녹거나 산소가 상온에서 액체 상태를 유지했다면, 우리는 폐를 가질 필요가 없었을 것이다. 산소가 필요하다면 산소를 물처럼 한 병 마시거나 음식물과 같이 섭취하면 된다. 폐가 필요 없어지고 심장도 그렇게 자주 뛸 필요가 없었을 텐데, 산소가 물에 잘 녹지 않아 우리는 정말 많은 짐을 지게 되었다. 이 짐에 관한 이야기는 제2부에서 좀 더 자세히 알아보려고 한다.

남는 포도당(칼로리)은
지방으로 저장된다 ○○○○○ 우리가 몸에 필요한 포도당 양에 딱 맞게 음식을 섭취하면 좋겠지만, 그럴 가능성은 거의 없고 항상 과잉으로 섭취한다. 우리 몸은 먹을 것이 부족할 때 만들어졌기 때문에, 항상 필요량보다 더 먹도록 진화했다. 포도당이 과잉이면 우리 몸은 그 중 적당량만 글리코겐의 형태로 보관하고 나머지는 지방으로 저장한다. 지방은 글리세롤이라는 작은 분자에 3개의 지방산이 결합한 분자로, 글리세롤도 지방산도 모두 포도당으로부터 만들어진 것이다. 그런데 지방에 대한 오해와 편견이 정말 많다. '포화지방은 나쁘다', '동물성 지방은 나쁘다', '중성지방은 나쁘다' 등등이다.

우리 몸의 지방을 크게 두 가지로 나눈다면, 세포막을 형성하는 극성지방(인지질, 다이글리세라이드)과 에너지를 비축하는 형태인 중성지방(트리글리세라이드)으로 나눌 수 있다. 우리 몸의 모든 세포는 극성지방으로 된 세포막으로 감싸여 있다. 세포에는 세포막이 있어야 그것을 경계로 물질의 출입을 통제할 수 있기 때문이다. 그리고 세포 안에는 미토콘드리아를 포함하여 무수한 소기관이 있는데, 그들의 막 또한 지방으로 되어 있다. 그래서 모든 동물은 최소 2~3퍼센트의 지방은 반드시 가지고 있다. 우리가 과식을 한다고 세포의 숫자가 늘어나지는 않으며, 세포막을 구성하는 극성지방의 양이 늘어나지도 않는다. 세포 안에 축적되는 지방, 즉 중성지방만 늘어난다.

'살이 찐다'는 말은 '중성지방이 늘어난다'는 말과 같기 때문에, 다이어트를 중시하는 사람들 사이에서 지방에 대한 오해와 편견이 싹텄다. 하지만 과식으로 남는 칼로리를 지방이 아닌 탄수화물이나 단백질 형태로 보관했다면 훨씬 심각한 문제가 발생했을 것이다. 탄수화물이나 단백질은 지방에 비해 에너지 밀도가 절반 이하고 물도 흡수하므로, 동일한 칼로리를 보관하는 데에 훨씬 많은 공간과 무게를 차지하기 때문이다. 지방은 에너지 밀도도 높고 자기들끼리 스스로 뭉치려 하기 때문에, 공간과 무게를 상대적으로 덜 차지하여 다른 분자를 방해하지 않는다. 또한 독성이 낮고, 단열성이 높아 체온 유지에 유리하고, 출혈이 일어나거나 멍들고 상처가 나는 것을 줄여주는 쿠션 역할도 잘 한다.

  지방의 거의 유일한 문제는 쉽게 분해되지 않는다는 것이다. 식사량을 줄였을 때 그만큼 몸에 축적된 지방이 팍팍 소비되면 아무런 문제도 없을 텐데, 우리 몸은 일단 확보한 지방을 쓰는 것을 죽도록 싫어한다. 그래서 죽을 만큼 힘들게 굶어도 우리 몸은 악착같이 지방을 지키려 한다.

  이런 지방 절약 정신을 모든 동물이 갖춘 것은 아니다. 일부 철새들은 멀리 이동하기 전에 날씬한 몸의 50퍼센트를 지방으로 채우고 비행을 시작한다. 그리고 먹지도 쉬지도 않고 수천에서 수만 킬로미터를 날아가면서 그 지방을 전부 태워버린다. 지방을 체내에서 연소시키면 에너지와 물이 만들어지기 때문에, 아무것도 먹지도 마시지도 않은 채로 계속 날아갈 수 있다. 인간으로 치면 1주일 안에 30~40킬로그램의 지방을 태우는 다이어트를 하는 셈이다. 낙타도 혹에 40킬로그램의 지방을 비축하고 그것을 태우면서, 사막에서 한 달 동안 아무것도 먹지 않고 버틸 수 있다. 겨울잠을 자는 동물도 미리 많은 지방을 축적했다가, 겨울에는 잠만 자면서 너무나 쉽게 지방만 쏙 빼는 다이어트를 한다.

그러니 우리는 지방을 원망하기보다는, 항상 과식하도록 세팅된 DNA나 지방의 소비를 죽을 만큼 싫어하도록 설계된 우리 몸을 원망해야 할 것이다. 최근 과학자들이 지방의 연소를 막는 기작을 제어하는 물질을 찾았다는 소식도 있다. 그 물질을 이용해 우리 몸이 거꾸로 지방을 더욱 소비하도록 만들 수 있다는 것이다. 만약에 그것이 사실이라면, '비아그라'라는 간단한 화학물질이 그 많던 엉터리 정력 식품을 사라지게 했듯이, 다이어트 시장에 일대 파란을 일으킬 수 있을 것이다.

포도당도 아미노산을 이용하여

만들 수 있다 ⬦⬦⬦⬦ 물은 우리 몸에 가장 많고 생존을 위해서도 가장 많이 필요하지만, 만약에 우리 몸에 한 가지 분자만 무한히 공급된다면 물보다 포도당을 선택하는 것이 훨씬 유리하다. 포도당으로 모든 탄수화물·지방·유기산을 만들 수 있고 물마저 만들 수 있기 때문이다. 그런데 그런 위대한 포도당으로도 만들 수 없는 분자가 있다. 바로 단백질을 만드는 아미노산이다. 아미노산을 합성하기 위해서는 반드시 1분자 이상의 아미노기($-NH_2$)가 있어야 한다.

그러므로 만약 신이 내 몸 안에 한 가지 분자만 원하는 양만큼 무한히 자동 생성되도록 해준다면 포도당보다 아미노산을 선택하는 것이 좋다. 사실 포도당으로는 아미노산을 만들 수 없지만, 아미노산으로는 포도당을 만들 수 있기 때문이다. 그렇다면 포도당으로 만들 수 있는 모든 분자를 아미노산으로도 만들 수 있고, 일단 하나의 아미노산이 충분히 만들어지면 다른 아미노산과 질소화합물도 모두 만들 수 있다. 한 가지 아미노산이 무한히 공급되면 ATP 생산을 위해 굳이 산소를 마실 필요도 없다. 유산소 호흡을 통해 굳이 힘들게 ATP를 만들지 않아도, 넘치는 아미노산을 이용하여 무산소 호흡으로 ATP를 만들면 되기 때문이다. 그리고 무산소 호흡의 생성물인 젖산이나 알코올은 유산균이나 효모가 그렇게 하듯 그냥 배출하면 된다. 그 생성물들을 배출하는 데에 드는 비용이, 우리 몸에서 산소를 이용하는 데에 드는 비용보다 훨씬 적을 것이다. 정말로 이렇게 된다면, 생명체로서 인간의 개념과 설계가 완벽하게 바뀔 수 있다. 그 정도로 아미노산 단 하나의 분자는 생명현상에서 아주 중요한 의미를 담고 있다. 우리는 아미노산(단백질)을 제대로 알아볼 필요가 있다.

동물은 단백질의 활동을 중심으로 살아가는 생명체다. 식품의 역할은 크게 연료의 역할과 부품(엔진)의 역할이 있는데, 연료의 역할은 주로 포도당이 하고 엔진이나 부품의 역할은 주로 단백질이 한다. 단백질의 영어 'protein'은 그리스어 'proteios(중요한 것)'에서 유래한 단어이며, 1838년 네덜란드 화학자 뮐더르(G. J. Mulder)가 처음으로 사용했다고 한다. 단백질의 한자어 '蛋白質'은 새알(蛋)에 있는 흰자(白)에서 유래한 단어다. 인간은 생존을 위해 몸 안에 최소 8퍼센트 이상의 단백질을 유지해야 한다. 필수적인 양이 탄수화물(0퍼센트)이나 지

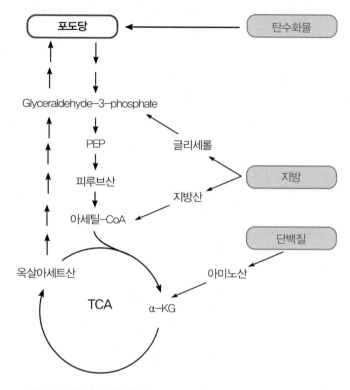

그림 10 당신생 과정. 탄수화물, 단백질, 지방 모두에서 포도당이 만들어질 수 있다.

방(2퍼센트)보다 압도적으로 많다.

단백질은 생명의 엔진이다. 생명이 무엇이냐는 질문은, 결국 '단백질이 무엇이고 어떻게 작용하는가'라는 질문에 가깝다. 단백질의 이해가 우리 몸과 생명현상을 이해하는 중심인 것이다. 모든 생명의 설계도는 유전자(DNA)에 있다. 유전자에 저장된 정보를 RNA에 복사하고, 그 정보에 따라 아미노산을 연결하면 단백질이 된다. 단백질은 평균 300~400개 정도의 아미노산이 연결된 것인데, 구성하는 아미노산의 특성에 따라 수많은 형태가 만들어지고, 형태에 따라 다양한 기능을 한다. 우리 몸의 유전자는 2만 1000여 종이고 이들은 각각 서로 다른 단백질을 코딩하므로, 우리 몸에는 단백질이 최소한 2만 종이 있다. 면역세포에서는 다양한 외부 물질에 대항하기 위해 유전자재조합을 하여 여러 가지 항체(단백질)를 만드는데, 여기서 1조 가지에 달하는 단백질도 만들 수 있다.

단백질의 중요성은 우리 몸의 다양한 분자를 만드는 데에 쓰이는 ATP의 사용량을 비교해봐도 알 수 있다. 대장균에서의 ATP 사용량을 보면, DNA를 합성하는 데에 초당 6만 개, RNA 합성에 7만 5000개, 탄수화물 합성에 6만 5000개, 지방 합성에 8만 7000개를 사용한다. 그런데 단백질 합성에는 무려 초당 212만 개를 사용한다. 합성에 쓰이는 ATP의 88퍼센트가 단백질 합성에 사용되는 것이다. 단백질은 한번 합성되면 영원히 사용되는 것이 아니라 계속 분해되고 또다시 합성된다.

단백질은 우리 몸 곳곳에 존재한다. 동물세포에서 가장 흔한 단백질인 콜라겐은 모든 세포의 뼈대가 된다. 단백질은 액틴과 미오신처럼 운동하는 근육을 만들기도 하고, 헤모글로빈처럼 운반의 수단이 되기도 한다. 물의 이동 통로인 아쿠아포린(aquaporin)이나 나트륨펌프를 만들어 물과 미네랄을 세포 안팎으로 이송하여 항상성에 기여하기도 하고, 감각 수용체나 면역 수용체처럼 감각과 방어의 핵심을 이루기도 한다. 인슐린, 성장호르몬, 바소프레신, 옥시토신, 엔도르핀, 엔케펄린 등 일부 단백질은 독특한 형태를 이용해 호르몬이나 신경전달물질로 작용하기도 한다. 단백질은 '외부 물질로부터 자신을 보호하기 위해 독소나 저항물질이 되기도 한다. 보톡스, 리신, 뱀독, 벌독, 디프테리아 독소, 프리온, 펩신 저해제, 트립신 저해제, 아밀라아제 저해제, 혈액응고방지제 등이 단백질로 만들어진 독소다.

이렇게 특별한 물질이 아니더라도, 단백질은 생명의 기본 방어 수단이 된다. 공격 수단이자 방어 수단이기도 한 손톱, 햇빛으로부터 두피를 보호하는 머리카락, 그리고 피부의 주성분이 단백질이다. 단백질로 만들어진 단단한 장기, 세포골격과 세포 사이의 결합조직은 신체 내부 방어의 출발점이다. 그 방어의 핵심인 면역반응도 단백질 수용체에서 시작되고, 상처를 입으면 일어나는 조직 보호나 혈액 응고도 단백질이 하는 일이며, 끊임없이 일어나는 DNA 손상을 복구하는 효소도 단백질이다. 그리고 단백질은 영양분을 저장하는 역할도 한다.

단백질의 역할은 단순히 우리 몸을 구성하는 데서 그치지 않는다. 단백질의 하나인 효소는 생명에 필요한 모든 분자를 만드는, 생명현상에서 핵심 중의 핵심인 분자다. 광합성을 통해 포도당을 만드는 것도 효소고, 포도당을 이용해서 탄수화물·지방·단백질 등을 만드는 것도 효소고, 식물은 비타민도 효소를 이용해 만든다. 심지어 카페인이나 니코틴처럼 자신을 보호하기 위해 만드는 독성 분자도 효소로 만든다. 유전자를 구성하는 핵산을 만들고, 유전자를 복사하고 관리하는 것도 효소다. 심지어 효소를 만드는 것도 효소(단백질 합성효소)다. 이렇게 생명현상의 수많은 부분에 관여하는 효소도 단백질이므로, 생명현상은 단백질 현상이라고 해도 무방하다. 생명현상에서 단백질의 기능을 하나하나 파악하는 일보다 단백질과 관련 없는 현상을 파악하는 일이 훨씬 빨리 끝날 것이다. 단백질의 몇 가지 기능은 제5장 「핵심 부품이자 엔진인 단백질」에서 더 자세히 알아보고, 여기에서는 단백질의 빌딩 블록인 아미노산에 집중하려고 한다.

20가지 아미노산은 어떻게

만들어질까 ‥‥‥ 단백질을 구성하는 아미노산은 20가지인데, 모두 동일한 구조를 공유한다. 공통의 뼈대가 되는 N(질소)-C(탄소)-C(탄소) 구조가 있으며, 왼쪽의 질소는 아미노기(-NH₂)를 형성하고 오른쪽의 탄소는 카르복실기(-COOH)를 이룬다. 가운데 있는 탄소에는 흔히 'R'(Residue, 잔기)로 표현하는 곁사슬(side chain)이 붙는다. 아미노산은 이 곁사슬의 형태에 따라 20가지로 나뉜다.

아미노산은 유기산의 한 종류로, 유기산은 분자 내에 카르복실기를 가진 것을 말한다. 카르복실기 −COOH는 −COO⁻와 H⁺로 분해되면서 산(H⁺)을 공급하기 때문에, 카르복실기를 가진 물질은 유기산

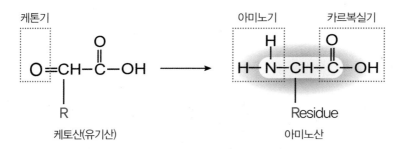

그림 11 아미노산의 기본 구조. 유기산 중에서 케톤기(=O)를 가진 것을 케토산이라고 한다. 케토산에서 케톤기가 빠지고 그 자리에 아미노기가 붙으면 아미노산이 된다. 아미노산의 기본 뼈대는 NCC 구조이며 어떠한 곁사슬이 붙는지에 따라 다양한 아미노산이 만들어진다.

아미노산	곁사슬(R)	아미노산	곁사슬(R)
Gly 글리신 Ala 알라닌 Pro 프롤린	−H −CH$_3$ −CH$_2$CH$_2$CH$_2$	Gln 글루타민 Asn 아스파라긴	−CH$_2$CH$_2$−CONH$_2$ −CH$_2$−CONH$_2$
Val 발린 Leu 류신 Ile 이소류신	−CH⟨CH$_3$ CH$_3$ −CH$_2$−CH⟨CH$_3$ CH$_3$ −CH⟨CH$_3$ CH$_2$−CH$_3$	Lys 라이신 Arg 아르기닌 His 히스티딘	−CH$_2$CH$_2$CH$_2$CH$_2$−NH$_2$ −CH$_2$CH$_2$CH$_2$−NH− C(=NH)−NH$_2$ −CH$_2$ (이미다졸 고리)
Ser 세린 Thr 트레오닌	−CH$_2$−OH −CH(−OH)CH$_3$	Tyr 티로신	(페놀 고리)−OH
Cys 시스테닌 Met 메티오닌	−CH$_2$−SH −CH$_2$CH$_2$−S−CH$_3$	Phe 페닐알라닌	(벤젠 고리)
Glu 글루탐산 Asp 아스파트산	−CH$_2$CH$_2$−COOH −CH$_2$−COOH	Trp 트립토판	(인돌 고리)

표 2 아미노산의 종류

(-acid)으로 불리는 것이다. 식품 또는 생명을 이루는 분자에는 생각보다 유기산이 많다. 식초의 초산(아세트산)과 과일의 구연산(시트르산)이 대표적이다. 호흡 과정에서 포도당을 피루브산으로 분해한 뒤 최종적으로 이산화탄소로 분해하여 막대한 에너지(ATP)를 생산하는 회로를 TCA회로*라고 하는데, TCA회로는 모두 유기산으로 구성되어 있다. 유기산의 카르복실기는 통상 수소이온이 떨어진 형태(-COO⁻)로 존재한다. TCA회로가 유기산으로 구성된 이유는 카르복실기의 그

---

* TCA회로의 시작 물질이 구연산이므로 이 회로는 '구연산(시트르산)회로'라고도 한다. 구연산은 3개의 카르복실기를 갖고 있어서 이 회로의 이름이 TCA(tri-carboxylic acid, 트리카르복시산)회로인 것이다. 이 회로의 발견자인 영국의 생화학자 핸스 크레브스(Hans Krebs)의 이름을 따서 '크레브스 회로'라고 부르기도 한다.

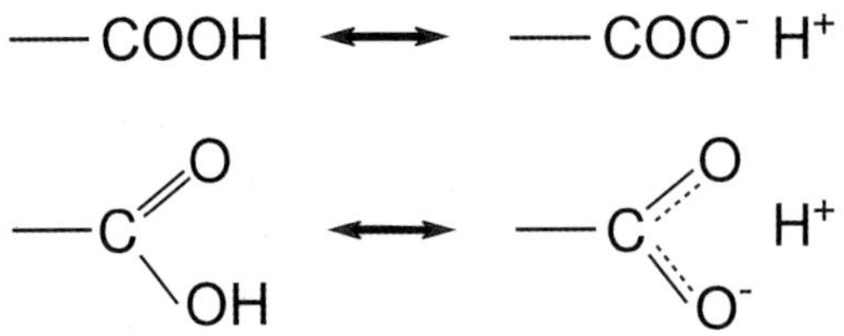

$$—COOH \longleftrightarrow —COO^- \ H^+$$

$$—C\overset{\displaystyle O}{\underset{\displaystyle OH}{}} \longleftrightarrow —C\overset{\displaystyle O}{\underset{\displaystyle O^-}{}} \ H^+$$

그림 12 유기산의 기본 구조. COOH 1개: 초산, 프로피온산, 젖산. COOH 2개: 호박산, 푸말산, 사과산, 타르타르산. COOH 3개: 구연산.

형태가 이산화탄소(COO)로 분해하기 가장 좋은 구조이며, 극성이 있어서 작은 크기가 돼도 세포막을 통과하기 힘들기 때문이다.

아미노산에서 카르복실기의 반대편에 있는 아미노기는 통상 수소이온이 붙은 형태(-NH$_3$$^+$)로 존재한다. 이 수소이온은 물(H$_2$O)에서 가져오는데, 이때 결과적으로 주변에 염기(OH$^-$)가 남게 되므로 아미노기는 염기성을 띤다. 통상적으로 아미노산 왼쪽의 아미노기는 (+) 전하를 띠고, 오른쪽의 카르복실기는 (-) 전하를 띤다. 개별 아미노산은 이 (+) 부분과 (-) 부분이 결합하는데, 이를 펩타이드결합(-CO-NH-)이라고 한다. 펩타이드결합을 많이 하면 폴리펩타이드, 즉 단백질이 된다.

앞서 신이 인간에게 단 하나의 분자를 무한정 공급해준다면 물이나 포도당이 아닌 아미노산을 선택하는 게 좋다고 했다. 그런데 단백질을 구성하는 아미노산은 20종이다. 굳이 이 중에서 하나를 선택하라고 하면 어떤 것이 좋을까? 아미노산 중에 가장 중심이 되는 아미노산을 파악해야 더 좋은 선택을 할 수 있을 것이다. 그러기 위해서는, 먼저 아미노산이 어떻게 만들어지는지 합성 경로를 알아볼 필요가 있다.

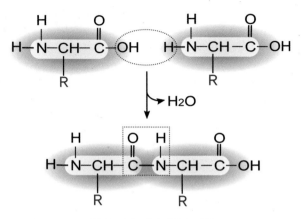

그림 13 아미노산의 펩타이드결합

그런데 개별 아미노산이 만들어지는 과정은 좀 복잡하다. 모든 아미노산이 공통의 NCC 구조를 가지는 만큼, 먼저 NCC 구조가 만들어지고 R 부분이 조금씩 바뀌어 점점 복잡한 아미노산이 만들어진다면, 아미노산의 합성 경로는 딱 하나로 아주 깔끔할 것이다. 그런데 실제로는 그렇지 않다. 오히려 R 부분이 먼저 만들어지고 최종 단계에서 아미노기가 추가되는 방식으로 몇 가지 기본형 아미노산이 만들어진다. 그리고 각각의 기본형에서 R 부분이 변형되어 아미노산이 추가로 만들어진다.

아미노산의 합성은 단일 경로가 아니고, 크게 5가지 유형이 있다(그림 14). 포도당이 우리 몸 안에서 분해되는 과정에서 먼저 5가지 서로 다른 형태의 케토산이 만들어지고, 거기에 아미노기가 결합하면 세린, 알라닌, 글루탐산, 아스파트산, 페닐알라닌이라는 5가지의 아미노산이 된다. 그리고 이 5가지 아미노산에서 R 부분의 변화에 따라 3~5개의 아미노산이 파생되어 나온다.

이 과정에서 아미노산뿐만 아니라 무수하게 다양한 질소화합물이 만들어진다. 5가지 기본형 아미노산은 수많은 질소화합물들의 뿌리가 된다. 그런데 여기서 글루탐산은 사실상 단백질을 구성하는 모든 아미노산과 다른 질소화합물의 시작이라고 할 수 있다. 즉, 무한히 공급받을 수 있는 분자로 20가지 아미노산 중 하나를 선택해야 한다면, 바로 글루탐산을 고르는 게 가장 현명한 선택이 된다는 뜻이다. 왜 글

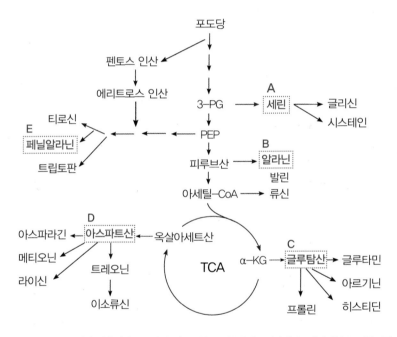

그림 14 아미노산의 기원. (A) 포도당이 피루브산으로 분해되는 과정에서 3개의 탄소로 이루어진 3-포스포글리세르산(3-phosphoglycerate acid; 3-PG)이 만들어지며, 3-PG는 세린의 전구물질이다. (B) 이후 생성된 피루브산에 아미노기가 결합하는 아미노화 반응을 통해 알라닌이 생성된다. (C) 글루탐산은 TCA회로의 중간생성물인 알파케토글루타르산(α-ketoglutaric acid; α-KG)으로부터 만들어지며, (D) 또 다른 중간생성물인 옥살아세트산에서는 아스파트산이 만들어진다. (E) 페닐알라닌은, 포도당이 최종적으로 피루브산으로 분해되기 바로 전에 만들어지는 중간생성물인 포스포에놀피루브산(phosphoenolpyruvate acid; PEP)으로부터 합성된다.

루탐산을 선택하는 것이 가장 현명한 선택인지 이해하는 일은, 곧 인간의 생명현상 전반을 이해하는 일이 될 것이다.

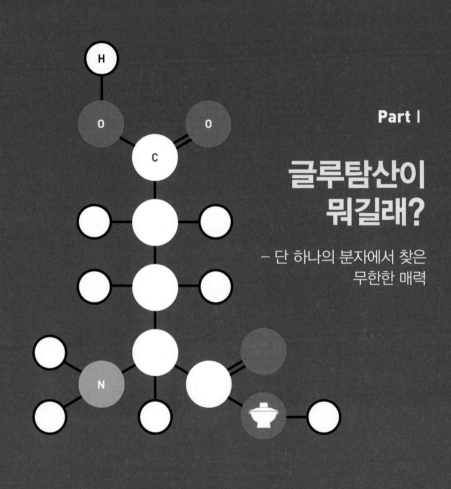

Part I

글루탐산이
뭐길래?

– 단 하나의 분자에서 찾은
무한한 매력

제1장
⬦⬦⬦⬦⬦

글루탐산, 건강을 책임지다

"모든 아미노산의 시작이자 만능 재주꾼"

어떤 아미노산이

가장 많을까? ⬦⬦⬦⬦⬦ 생명현상에서 어떤 분자의 의미를 이해하기

위해서는 그 분자의 기원과 사용량을 추적해보면 좋다. 기원을 추적
하면 알아야 할 것은 단순해지고, 양을 파악하면 가치가 명확해진다.
나는 사람들이 식품 공부법을 물어볼 때 항상 양 순서로 공부하라고
조언한다. 감미료를 공부할 때는 설탕, 산미료는 구연산을 먼저 공부
하는 식이다. 많이 쓰이는 데에는 필연적인 이유가 있기 때문이다. 먼
저 많이 쓰이는 분자를 철저히 공부하고, 이후에 나머지를 공부하는
것이 효과적이다. 마찬가지로 생명현상에서도 어떤 분자가 많이 쓰
이는 데에는 이유가 있다. 가장 많이 쓰이는 것이 가장 많은 역할을
한다. 그 역할들을 제대로 이해하면 나머지 자잘한 궁금증은 저절로

풀린다.*

아미노산 중 가장 많이 쓰이는 것은 무엇일까? 여러 식재료의 단백질에서 아미노산의 조성 비율을 살펴보면 보통 글루탐산, 아스파트산, 류신, 라이신, 프롤린, 아르기닌이 많다. 이 중에서도 글루탐산이 가장 흔한 편이다. 아미노산은 총 20가지이므로 그 조성 비율을 산술적으로 평균하면 각각 5퍼센트가 평균치인데, 글루탐산은 단백질의 15퍼센트 이상을 차지할 정도로 흔하다. 밀 단백질인 글리아딘에는 44퍼센트, 토마토 단백질은 37퍼센트 이상이 글루탐산이다. 밀에 많으니 빵과 국수 같은 밀가루 제품에도 글루탐산이 많다. 우유에 많으니 치즈, 요구르트 등 유가공품에 많고, 콩에 많으니 콩나물, 두부뿐만 아니라 된장, 고추장, 간장 등 콩 가공식품에도 글루탐산이 많다.

모든 생명체에는 단백질이 있고, 단백질은 아미노산으로 만들어진다. 아미노산 중 가장 흔한 것이 글루탐산이다. 우리 몸속에는 음식을 통해 섭취한 글루탐산도 많지만, 섭취량보다 훨씬 많은 양이 체내에서 생산되고 변환된다. 대표적으로 글루탐산은 뇌에서 주요 신경전달물질로 작용하며, 뇌에서는 글루탐산과 글루타민의 변환이 매우 빠른 속도로 끊임없이 일어난다. 생명체에게 중요한 분자란 많이 합성하고 많이 소비하는 것이지, 적게 합성하거나 합성을 못하는 것이 아니다.

글루탐산은 뇌 이외에도 간세포, 근육세포, 태반세포, 이자 베타(β)세포, 면역세포에서 많이 쓰이며, 특히 장에서 많이 쓰인다. 장 속에 사는 대장균에서 세포질에 존재하는 자유(free) 대사물질 농도

---

* 그런 의미에서 나에게는 『숫자로 풀어가는 생물학이야기(Cell Biology by the Numbers)』(론 밀로·롭 필립스 지음, 김홍표 옮김, 홍릉과학출판사, 2018)가 매우 유익했다.

	소고기	우유	모유	돈육	닭고기	계란	콩	쌀	보리	밀
글루탐산	15.6	19.9	17.0	15.9	15.9	13.1	19.0	18.4	26.1	33.7
아스파트산	9.5	7.2	8.3	9.4	9.9	10.1	6.9	9.2	6.2	4.2
류신	8.3	9.3	9.6	8.2	8.3	8.5	8.2	8.2	6.8	6.9
라이신	8.8	7.5	6.9	9.2	9.2	7.2	6.8	3.5	3.7	2.2
프롤린	5.0	9.2	8.3	4.1	4.0	4.0	5.3	4.7	11.9	11.6
아르기닌	6.7	3.4	4.4	6.3	6.9	6.0	7.7	8.7	5.0	4.0
발린	5.2	6.4	6.4	5.5	5.0	6.1	5.4	5.8	4.9	4.0
세린	4.1	5.2	4.4	4.2	4.5	7.4	5.4	5.2	4.2	5.0
알라닌	6.3	3.3	3.6	5.9	6.0	5.6	4.0	5.6	3.9	3.2

표 3 여러 가지 식품에 포함된 단백질의 아미노산 조성 비율(%)

를 측정한 결과, 글루탐산이 압도적으로 많았다. 전체 자유 대사물질 200밀리몰 가운데 절반에 가까운 96밀리몰이 글루탐산이었다. 이렇게 글루탐산이 세포 내에 많이 존재한다는 것은 그만큼 많이 필요하다는 뜻이다.

아미노산의 시작과 끝이

글루탐산이다 〰〰〰 식물이 아미노산을 만들기 위해서는 뿌리에서 질산(NO_3)이나 암모니아(NH_3) 형태로 질소를 흡수해야 한다. 질산으로 흡수해도 식물 내부에서 아질산(NO_2)을 거쳐 암모니아로 변환된다. 이 암모니아를 유기물 형태로 체내에 고정하는 물질이 글루탐산이다. 암모니아가 글루탐산과 결합하여 글루타민이 되면서 마침내 아미노산의 형태로 질소가 최종 고정되는 것이다. 그리고 다른 아미노산의 합성에 글루탐산으로 포획한 질소가 사용되니, 사실 모든 아미노산(단백질)의 어머니는 글루탐산인 셈이다(그림 15).

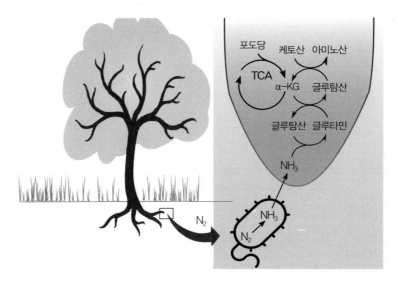

그림 15 글루탐산의 질소 포집과 아미노산 생성 과정. 뿌리에서 흡수된 암모니아가 글루탐산과 결합하여 글루타민이 된다. 글루타민의 아미노기가 TCA회로의 중간생성물인 알파케토글루타르산(α–KG)으로 전이되어 글루탐산이 만들어진다. 그리고 다시 글루탐산의 아미노기가 케토산에 전이되면 다른 아미노산이 만들어진다.

아미노기가 한 아미노산에서 다른 아미노산으로 전달되는 반응을 아미노 전이(교환)반응(trans-amination)이라고 한다. 글루탐산 또는 글루타민에서 아미노기 전이효소(trans-aminase)에 의해 아스파트산이나 알라닌 등 모든 아미노산이 만들어진다. 글루탐산 역시 이 반응에 의해 TCA회로에서 아주 쉽게 만들어진다. TCA회로의 시작 물질인 구연산에서 이산화탄소가 떨어져 나가면 알파케토글루타르산이 되며, 여기에 아미노기가 추가되면 이 책의 주인공인 글루탐산이 된다. 체내에 아미노기를 확보하는 것은 어렵지만, 일단 확보한 아미노기는 필요하면 언제든지 아미노기 전이반응을 통해 여러 아미노산을 만드는 데에 쓰일 수 있다.

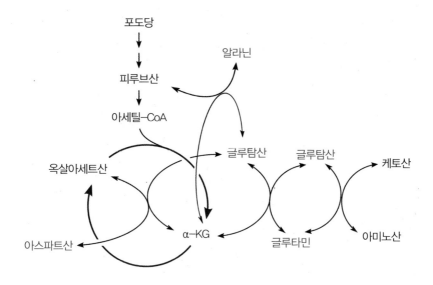

그림 16 글루탐산의 아미노기 전이반응. 글루탐산을 중심으로 아미노기가 다른 물질들과 교환(전이)되며 다양한 아미노산이 만들어진다. 글루탐산은 알라닌, 아스파트산과 함께 아주 쉽게 만들어지는 아미노산의 하나다. 그래서 음식으로 글루탐산을 섭취하지 않아도 우리 몸에는 글루탐산이 가장 흔할 수밖에 없다.

그리고 글루탐산에서 아미노산뿐만 아니라 여러 질소화합물도 만들어진다. 글루탐산에서 가장 쉽게 만들어지는 것이 가바(GABA; γ-aminobutyric acid)와 글루타민(glutamine)이다. 가바는 흥분을 억제하는 신경전달물질로, 흥분을 전달하는 신경전달물질이기도 한 글루탐산에서 카르복실기가 분해되면서 쉽게 만들어진다. 글루타민은 글루탐산에 아미노기가 추가된 것으로, 글루탐산과 쉽게 상호 전환된다. 체내에 암모니아가 과다하게 존재하면 암모니아가 글루탐산과 결합하여 글루타민이 되고, 아미노기가 필요하면 글루타민이 글루탐산으로 전환되면서 아미노기를 제공한다. 글루탐산과 글루타민의 전환

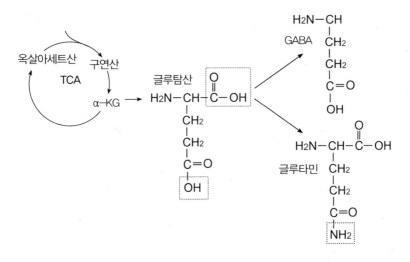

그림 17 글루탐산, 가바(GABA)와 글루타민으로의 전환

은 몸 안에서 가장 흔히 일어나는 변환일 것이다.

그리고 글루탐산에서 몇 가지 아미노산이 만들어지는데, 콜라겐 합성에 필수적인 프롤린도 글루탐산에서 만들어진다. 프롤린은 아미노산 중에 유일하게 잔기(Residue)가 아미노기와 결합하여 고리 구조를 만든다. 이 구조 덕분에 프롤린은 다른 아미노산보다 펩타이드결합 구조의 강도가 높다. 그래서 콜라겐처럼 단단하고 잘 분해되지 않는 단백질의 합성에 필수적인 아미노산이 된다. 글루탐산에서 오르니틴을 거쳐 아르기닌이 만들어지기도 한다. 아르기닌은 체내에서 양전하(+)를 띠고 있어서 극성(친수성)을 가지며, 요소를 통한 질소의 배출과 중요한 2차 신호전달물질인 산화질소의 생산에도 큰 역할을 한다. 또한 글루타민에서 히스티딘과 히스타민이 만들어진다. 히스티딘은 성

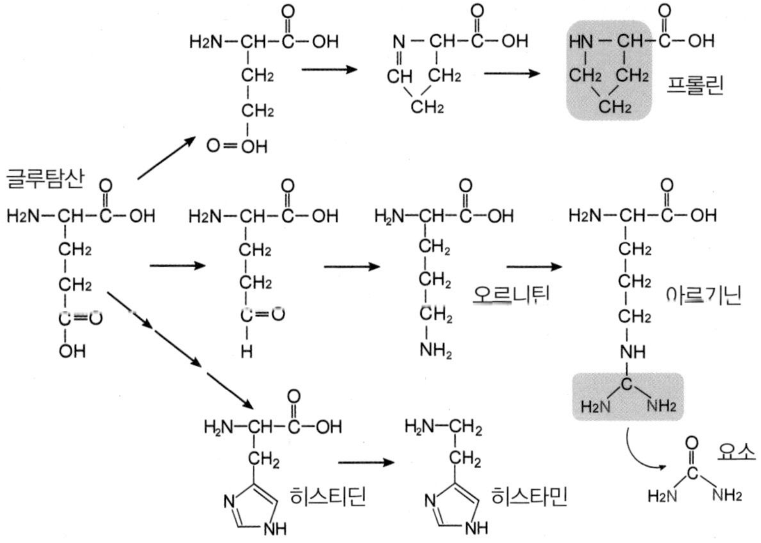

그림 18 글루탐산에서 프롤린, 아르기닌, 히스티딘의 합성 경로. 프롤린은 다른 아미노산과는 다르게 독특한 고리 구조를 가진다. 아르기닌은, 간에서 암모니아를 요소로 합성하는 과정인 요소회로에서 요소와 오르니틴으로 분해된다.

장기 아동에게 필요한 아미노산이며, 히스타민은 면역과 염증 반응의 신호물질이다.

 동물의 몸에서는 아미노산 등 질소화합물이 분해되어 항상 소량의 암모니아가 만들어진다. 과도한 암모니아는 독성이 있기 때문에 체외로 배출해야 한다. 동물은 식품으로 섭취한 질소를 암모니아의 형태로 배출한다. 질소(암모니아)의 배출 형태에는 3가지가 있다. 물속에 사는 어류는 체내에서 생긴 암모니아를 그대로 배출한다. 암모니아는 기체 중에서 물에 엄청나게 잘 녹는 편이다. 물에서 살지 않는 조류나 곤충 등은 독성이 약한 요산의 형태로 전환하여 배출한다. 마찬가지로 물을 떠나 육상에 사는 동물은 암모니아를 독성이 약한 요소로 전환해 땀이나 오줌으로 배출한다. 아르기닌은 다른 아미노산에 비해 질소를 추가적으로 3개나 더 가지고 있으며, 아르기닌의 끝부분을 분해하면 요소가 만들어진다. 이 아르기닌은 글루탐산으로부터 만들어진 것이다. 그리고 소변을 통한 암모니아의 배출에 관여하는 효소는 N-아세틸글루타메이트(N-acetylglutamate)라는 물질에 의해 조절되는데, 이 물질도 글루탐산에 아세틸코엔자임A가 결합해서 만들어진다. 이렇게 육상의 동물들은 글루탐산을 이용해 체내 질소의 균형을 유지한다. 결국 글루탐산이 몸 안에서 질소 이용의 시작부터 마무리까지 책임지는 것이다.

한편 요소((NH₂)₂CO)는 분자 1개에 암모니아(NH₃) 2분자가 포함되어 있어서 암모니아(질소)의 저장에도 효과적이다. 홍어, 가오리, 상어와 같이 심해에 사는 연골어류는 물속에 살지만 암모니아를 바로

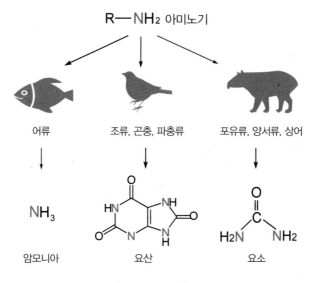

그림 19 질소의 배출 경로

배출하지 않고 요소로 전환하여 비축한다. 바닷물의 염도에 대응해 체내 삼투압을 유지하는 수단으로 요소를 쓴다. 홍어를 삭힐 때 나는 그 강력한 냄새는, 바로 체내에 비축했던 요소가 분해되면서 만들어진 암모니아에 의한 것이다.

글루탐산이 가장
부작용이 적다 ᵒᵒᵒᵒ
지금까지 아미노산의 대사장애는 70종 이상이 알려져 있다. 그중에서 메이플시럽뇨증은 류신, 이소류신, 발린의 대사이상으로 나타나는 질병이다. 이 병에 걸리면 소변에서 메이플시럽 냄새가 나며, 간질, 운동실조증, 근육긴장이상증, 무정위운동증, 신경언어장애 등이 발생한다. 호모시스틴뇨증은 관련 효소의 결핍으로 인해 메티오닌의 부산물인 호모시스틴이 축적되어 나타나는 병이

아미노산	대사장애	증상
류신, 이소류신, 발린	메이플시럽뇨증	간질, 운동실조증, 근육긴장이상증, 무정위운동증, 신경언어장애
방향족 아미노산 (트립토판, 티로신, 페닐알라닌)	알캅톤뇨증	관절위축증, 죽상경화증, 피부 착색
시스틴	시스틴뇨증	시스틴의 결정이 그대로 오줌으로 배설되어 신장결석(시스틴 결석) 형성
	시스틴(축적)증	두통, 시스틴이 눈의 결막과 망막에 쌓여 빛에 매우 민감하게 반응
히스티딘	히스티딘혈증	특별히 눈에 띄는 증상은 없으나 극소수 사람들이 중추신경 장애
호모시스틴	호모시스틴뇨증	수정체 전위, 골격 이상, 간질, 혈전증, 색전증
페닐알라닌	페닐케톤뇨증	정신·운동 발달이 지연

표 4 아미노산 대사이상의 예(출처: 질병관리본부)

다. 수정체 전위, 골격 이상, 간질, 혈전증, 색전증이 발생하거나, 뇌동정맥 기형이나 혈소판의 기능 이상으로 뇌졸중이 발생할 수 있다. 널리 알려진 아미노산 대사장애 중 하나인 페닐케톤뇨증은 페닐알라닌을 티로신으로 전환하는 효소의 이상으로 나타난다. 영아기에 구토나 습진이 발생하고 앉기, 뒤집기, 걷기, 언어 습득 등의 정신·운동 발달이 지연되며, 생후 1년까지도 치료를 시작하지 않으면 아이의 IQ가 50 이하로 저하된다. 글루탐산은 기능이 많으면서도 이런 부작용은 없으니, 아미노산의 꽃이라고 할 수 있다.

글루탐산의 가치는
글루타민으로도 드러난다 ·····

물에 녹은 상태에서 글루탐산은 일반 아미노산보다 카르복실기가 하나가 더 있는 산성 아미노산이다. 전체적으로 극성(-)을 띠고 있어 세포막의 투과성이 낮다. 그런데 글루탐산에 아미노기가 하나 더 결합하면 글루타민이 되면서 극성이 사라진다. 양전하와 음전하가 평형을 이루어 전기적으로 중성이 되는 등전점은, 글루탐산이 pH 3.2인데, 글루타민의 등전점은 pH 5.65다. 글루탐산과 비교할 때, 글루타민의 등전점은 혈액 pH 7.2와의 차이가 훨씬 적어서 극성을 띠지 않는다. 전기적 중성이므로 세포막의 투과성이 훨씬 좋다.

뇌에는 자신을 보호하는 수단으로, 선택된 분자만 통과가 가능한 혈뇌장벽이 있다. 글루타민은 이를 통과하는 몇 안 되는 영양소로, 뇌에 가장 유용한 아미노산이다. 뇌로 글루타민이 공급되면, 거기에서 신경전달물질인 글루탐산이나 가바로 아주 쉽게 전환된다. 글루타민과 글루탐산 사이의 상호 전환은 신경전달이 일어나는 매 순간마다 대량으로 이루어진다. 글루타민이 글루탐산으로 전환되어야 신경전달 신호가 발생하고, 글루탐산이 다시 글루타민으로 전환되어야 그 신호가 종료된다. 그리고 과잉의 암모니아는 글루탐산이 글루타민으로 전환(암모니아 흡수)되면서 해소된다. 그것이 뇌에서 암모니아를 해독하는 유일한 방법이다. 뇌에 글루타민이 부족하면 정상적인 작동이 불가능해지는데, 실제로 그런 일은 거의 일어나지 않는다.

글루타민은 뇌뿐 아니라 체내에 아주 풍부하며, 특히 근육에도 아주 많다. 기아 상태에서는 대량의 글루타민과 알라닌이 근육세포에서 방출되어 포도당을 만드는 원료로 쓰인다. 스트레스, 수술, 중증 질환 시에는 포도당이 많이 필요해지므로, 근육에 저장된 글루타민의 3분의 1가량이 방출되어 신경계에서 사용됨으로써 광범위한 근육 소실이 일어날 수 있다. 이때는 글루타민을 보충해주는 게 좋다. 글루타민이 부족해지면 점차 다른 아미노산 또한 포도당의 원료로 쓰이게 되는데, 글루타민만 보충해주면 다른 아미노산의 소비를 막을 수 있기 때문이다.

글루타민은 중환자에게 좋은 영양분이다. 글루타민을 복용하면 합병증을 피할 수 있으며, 체내 아미노산의 농도를 정상화하고, 상처와 화상의 치료를 촉진하고, 수술한 환자의 회복을 돕는다. 골수이식을 받는 환자에게 글루타민을 투여하면 수술 후 감염의 발생률이 낮아진다. 패혈증에 걸린 환자에게 글루타민을 공급하면 박테리아 억제력이 증가한다. 또한 암이나 염증을 치료하기 위해 화학요법제를 사용

글루타민
– 아미노기의 보관 및 이동
– 뇌에서 암모니아의 해독(제거)
– 세포의 에너지원: 장벽 강화, 세포 방어력 향상
– 단백질원: 근육 유지
– 면역세포의 영양원: 면역력 강화

표 5 글루타민의 주요 역할

하거나 비스테로이드성 소염제를 사용할 때, 또는 소화성궤양에 걸렸을 때, 글루타민은 위장관을 보호한다. 그리고 면역세포에 가장 중요한 에너지 공급원이 된다. 글루타민은 백혈구의 일종인 림프구와 혈액 속 면역 단백질인 사이토카인의 증식에 필요하다. 또한 글루타민은, 침입한 병원균이나 손상된 세포를 잡아먹는 대식세포의 활동 효율을 증가시킨다.

글루타민의 기능은 그 밖에도 정말 많다. 신체의 산/알칼리 균형을 유지하는 데에도 도움을 준다. 신장 세뇨관은 글루타민에서 유래한 암모니아를 사용하여 소변의 수소이온농도를 조절한다. 그럼으로써 우리 몸은, 산/알칼리 균형이 깨져 혈액의 나트륨이나 칼륨과 같은 중요한 양이온이 대량으로 손실되는 것을 피할 수 있다. 한 동물실험에 따르면 글루타민은 단 것에 대한 갈망을 완화해준다고 한다. 따라서 체중 감량을 원하는 사람에게 도움이 될 수 있다. 또한 글루타민은 알코올중독을 경감하고 궤양 치유 시간을 단축하며 피로, 우울, 발기부전 등을 개선한다. 그리고 정신분열증 및 노쇠(frailty)의 치료에도 사용된다.

글루탐산에서 여러 가지 중요한 물질들이

만들어진다 〰〰〰 글루탐산과 글루타민을 통해 우리 몸에 질소가 공급되므로, 단백질을 포함하여 몸속 모든 질소화합물의 기원을 추적하면 결국 글루탐산과 만난다. 유전자를 구성하는 분자인 핵산(nucleic acid)도 마찬가지다. 핵산은 세포핵에 존재하는 유기산으로, 대표적으로는 모든 생명의 설계도인 DNA(deoxyribo-nucleic acid, 데옥시리보 핵산)와 DNA를 복제한 RNA(ribo-nucleic acid, 리보 핵산)가 있다. 핵산은 뉴클레오타이드라는 기본 단위 분자가 긴 사슬 모양으로 결합한 중합체다. 뉴클레오타이드는 오탄당인 리보스당과 인산에 아데닌(A), 구아닌(G), 시토신(C), 티민(T)이라는 네 가지 분자(핵염기)

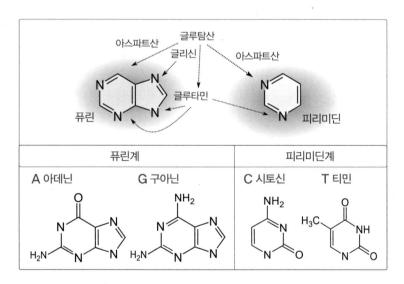

그림 20 핵염기의 종류와 질소의 공급원. 핵염기는 전구물질이 무엇인지에 따라 퓨린계와 피리미딘계로 나뉜다. 피리미딘은 고리 모양(방향족) 유기화합물이며, 퓨린은 하나의 피리미딘 고리와 또 다른 고리가 결합한 구조를 가졌다.

중 하나가 결합한 것이다. RNA는 여기서 티민 대신 우라실(U)을 쓴다는 차이가 있다. 그리고 아데닌은 ATP의 기본형인 AMP(adenosine mono-phosphate, 아데노신일인산), 코엔자임A와 같은 조효소를 구성하기도 한다. 네 가지 핵염기를 구성하는 질소는 아스파트산, 글리신, 글루타민에서 왔고, 그 시작은 결국 글루탐산이다.

식물에서 광합성이 시작되는 색소인 엽록소와 동물의 혈액에서 산소를 운반하는 물질인 헤모글로빈은 전혀 다른 것처럼 보이지만, 둘 다 글루탐산에서 만들어진다. 엽록소의 핵심 구조물을 포르피린(porphyrin)이라고 하는데, 포르피린은 8개의 글루탐산으로 만들어진다. 글루탐산 2개가 결합하여 아미노레불린산이 되고, 포르포빌리노겐을 거쳐 프로토포르피린이 된다. 포르피린 구조의 중심에 마그네슘이 있으면 식물의 엽록소가 되고, 마그네슘 대신 철이 있으면 헤모글로빈이 된다. 포르피린 구조 중심에 어떤 미네랄이 붙느냐에 따라 역할이 바뀌는 것이다(그림 21).

사람은 산소가 없으면 3분 이상 살아남기 어렵고, 산소가 있더라도 헤모글로빈이 없으면 그 산소를 체내 곳곳에 효과적으로 전달할 수 없다. 어찌 보면 인간의 생명활동은 이 헤모글로빈을 만들어내는 물질인 글루탐산에서 시작된다고도 할 수 있다. 그런데 헤모글로빈에 있는 철은 일산화탄소와 결합하는 능력이 산소와의 결합력보다 250배나 더 강하다. 그리고 일산화질소와의 결합력도 매우 강해서, 혈중 산화질소의 농도가 높으면 산소 부족으로 피부 곳곳이 파랗게 변하는 청색증이 발생할 수도 있다. 철과 산소의 결합은 생명의 역동성이 드러나는 대표적인 산화·환원 반응이다. 철이 산소가 아닌 다른

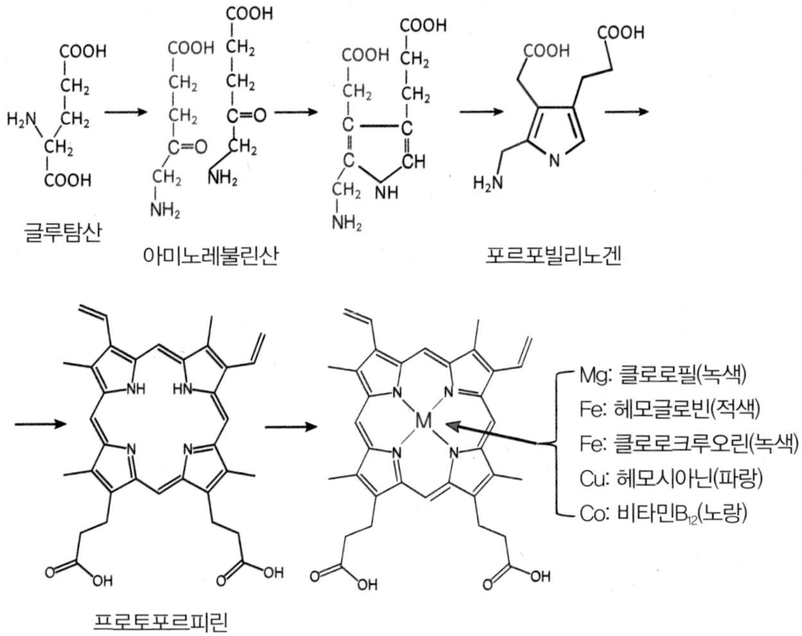

그림 21 포르피린의 합성 과정. 포르피린 구조 중심에 어떤 미네랄이 붙는가에 따라 역할이 달라진다. 마그네슘(Mg)이 있으면 엽록소, 철(Fe)이 있으면 헤모글로빈 또는 클로로크루오린이 된다. 클로로크루오린은 지렁이나 개불 같은 환형동물의 피에서 발견되며 초록색을 띤다. 해양 무척추동물은 헤모시아닌이라는 파란 단백질을 산소 운반체로 사용하는데, 헤모시아닌은 철이 아닌 구리(Cu)가 결합한 것이다. 중심에 코발트(Co)가 있으면 비타민B₁₂가 되며 노란색을 띤다.

물질과 결합하면 문제가 발생하며, 그 반응을 얼마나 정교히 수행하느냐가 생명 유지의 관건이다.

철과 결합한 포르피린 구조체를 헴(heme)이라고 하는데, 생명현상에서 매우 중요한 몇몇 질소화합물이 이 헴단백질을 갖고 있다. 그중에서 헤모글로빈과 미오글로빈은 산소를 운반하거나 저장하고, 시토크롬(cytochrome) 산화환원효소는 에너지를 생산하는 데에 쓰인다. 시토크롬 P450효소는 약물의 대사, 그리고 콜레스테롤과 지방의 생

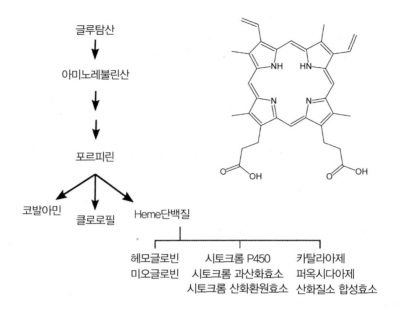

그림 22 글루탐산으로부터 만들어진 헴단백질과 역할들

합성에 필수적이다. 시토크롬 과산화효소는 면역반응에 필요한 물질을 만들고, 2차 신경전달물질로 사용되는 일산화질소와 일산화탄소도 만든다. 헴은 신호의 전달과 세포의 성장 및 분화에 필요하며, 단백질이 어떻게 3차원적으로 조립되고 어느 위치로 가야 하는지를 결정하는 역할도 한다. 그리고 또 다른 헴단백질인 카탈라아제와 퍼옥시다아제도 중요한데, 이들은 제6장 「음식의 덫, 질병과 노화」에서 자세히 다루고자 한다.

글루타티온(glutathione)은 우리 몸에 너무나 흔하고 평범한 글루탐산, 글리신, 시스테인 3가지 아미노산의 결합으로 간단하게 만들어진다(그림 23). 그런데 그 역할은 절대 간단하지 않다. 글루타티온은 대장균에서 글루탐산 다음으로 많을 정도로 많이 필요하고, 모든 동물 세포에 있으며, 가장 중요한 항산화제로 작용한다. 만약에 이것이 우리 몸에서 저절로 합성되지 않고 반드시 음식으로 섭취해야 하는 성분이었다면, 건강과 관련하여 다른 모든 비타민의 이야기는 쏙 들어가고 이 글루타티온 하나만으로 세상이 들썩였을지도 모른다.

글루타티온은 환원 형태(G-SH)와 산화 형태(G-SS-G)로 존재한다. 환원 형태의 글루타티온 2개가 만나(G-SH + HS-G) 1개의 이황화글루타티온(glutathione disulfide, G-SS-G)이 되면, 2개의 수소이온(H^+)이 나오면서 항산화 작용을 한다. 우리 몸이 산화 스트레스를 견디는 힘은 음식으로 섭취한 항산화제보다 이 글루타티온에서 나온다. 하지만 글루타티온을 일부러 먹는다고 몸속에서 그 양이 증가하지는 않는다. 흡수가 어렵기 때문이다. 임상 실험에서는 3그램 정도를 대량으로 섭취한 경우에도 혈중 글루타티온 농도에 유의미한 변화는 없었다. 글루타티온은 외부에서 얻는 물질이 아니고 내 몸 안에서 만들어지는 것이다. 건강한 세포와 조직에서는 환원 형태의 글루타티온이 90퍼센트 이상이고, 산화 형태가 10퍼센트 미만이다. 산화형의 비율이 증

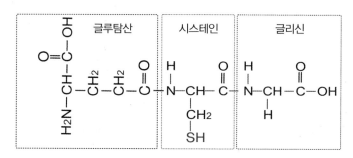

그림 23 글루타티온의 분자 구조. 시스테인에 있는 티올기(-SH)에서 산화·환원 반응이 일어난다.

가했다면, 이는 산화 스트레스가 증가했다는 뜻이다.

엽산(folic acid, 비타민B9)은 새로운 세포와 혈액의 형성, 태아 신경관의 정상적인 발달, 혈중 호모시스틴의 정상적인 수준 유지 등에 필요한 비타민이다. 특히 임신 중에는 태아의 성장, 자궁의 확대, 혈액의 증가, 태반의 발달 등으로 인해 엽산 요구량이 증가한다. 엽산은 고리 모양 유기화합물인 프테리딘(pteridine)과 파라아미노벤조산(para-aminobenzoic acid; PABA), 그리고 글루탐산이 결합한 형태다. 동물의 몸속에서는 합성되지 않고 식물이 합성한다. 엽산은 글루탐산이 1개만 결합한 분자지만, 실제 식물에는 글루탐산이 약 1~6개까지 추가로 연결된 프테로일폴리글루타메이트(pteroylpolyglutamate)로 존재한다(그림 24).

혈우병(hemophilia)은 피가 멈추지 않아서 문제를 겪는 병이다. 상처가 나서 피가 나오면, 혈액에 있는 응고인자가 피를 어느 정도는 굳게 한다. 글루탐산에 이산화탄소가 결합한 감마카르복시글루탐산(γ-carboxyglutamic acid; GLA)은 이 응고인자에 포함된 물질로, 칼슘과 결합하여 혈액응고 반응을 일으킨다(그림 25). 만약에 이런 반응이 일어나지 않으면 피가 제대로 멎지 않을 것이다. 그러니 글루탐산은 지혈에도 필수다.

폴리감마글루탐산(poly-γ-glutamic acid; γ-PGA)은 글루탐산의 중합체로, 낫토 같은 콩 발효 식품의 끈적끈적한 물질에 많이 포함되어 있다(그림 26). 자연계에 널리 분포하는 호기성균인 바실러스균으로 콩을 발효해서 생성된 물질을 여과·정제하여 만든다. 폴리감마글루탐산은 자기 무게의 1000배 이상의 물을 흡수할 수 있을 정도로

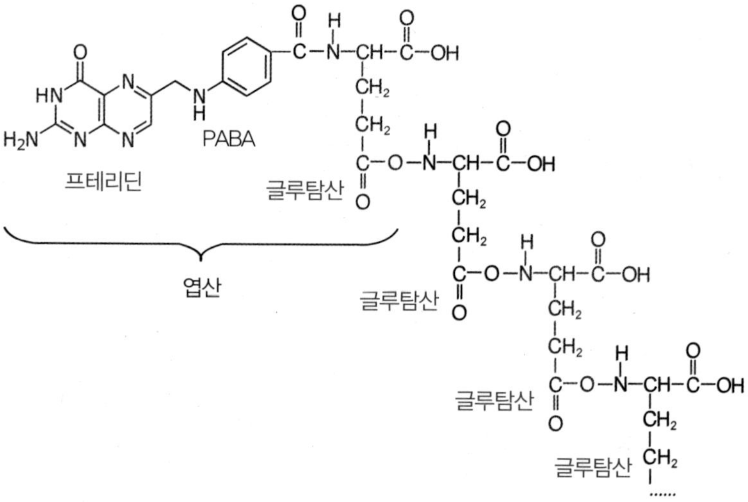

그림 24 엽산의 분자 구조

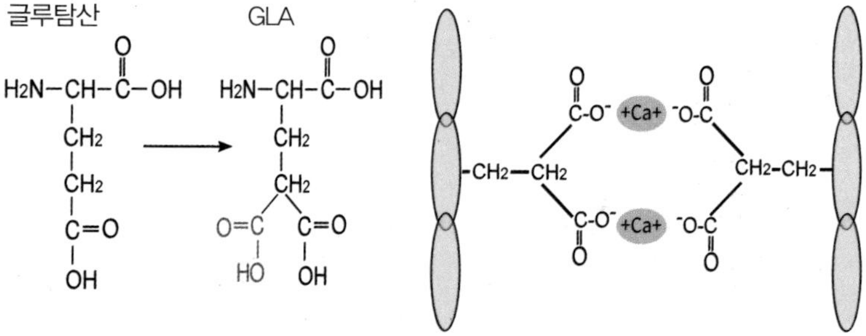

그림 25 혈액의 응고 반응에서 글루탐산의 역할. 글루탐산에 카르복실기가 하나 더 붙으면 감마-카르복시글루탐산(GLA)이 된다. 감마-카르복시글루탐산의 카르복실기가 혈중 칼슘 이온과 결합하여 혈액응고 반응이 일어난다.

보습력이 강하며, 주로 스킨케어 화장품에 많이 사용되어 피부 건조를 방지한다. 글루탐산이 많이 결합하여 분자량이 커질수록 각 분자 사이의 결합력이 강해져서 탄력 있는 필름 구조가 만들어진다. 따라서 피부의 주름을 줄여주고, 부드럽고 탄력 있는 피부를 만들어준다. 피부조직에 폴리감마글루탐산의 농도가 높을수록, 피부를 보호하는 무코다당류(mucopolysaccharides)의 일종인 히알루론산(hyaluronic acid)의 양이 현저하게 증가한다.

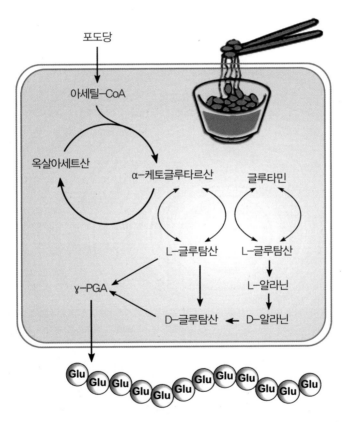

그림 26 폴리감마글루탐산의 합성 과정. 바실러스균 내부 TCA회로에서 생성된 글루탐산이 결합하여 길고 끈적끈적한 폴리감마글루탐산이 만들어진다.

모두 글루탐산을

좋아한다 ····· 장은 글루탐산을 정말 좋아한다. 우리가 글루탐산이 포함된 음식을 먹으면 그것이 단백질이든 MSG든 모두 글루탐산으로 분해되어 흡수된다. 이 글루탐산을 맨 처음 흡수하는 소장의 상피세포는 독특한 성질이 있다. 주로 포도당을 에너지원으로 사용하는 다른 세포들과는 달리, 소장의 상피세포는 포도당을 95퍼센트 이상 통과시키고 자신은 그 대신 글루탐산을 에너지원으로 사용하는 것이다.

체내의 다른 세포는 포도당을 원하지만, 혈중 포도당을 함부로 사용할 수 없다. 뇌가 인슐린 신호를 보내주어야 그 포도당을 흡수하여 에너지원으로 쓸 수 있다. 포도당을 너무나 좋아하는 뇌가 우선 자신이 먹을 것이 충분하다고 판단될 때만 인슐린 신호를 보내 다른 세포도 포도당을 먹을 수 있게 하는 것이다. 그런데 음식물로부터 맨 먼저 포도당을 흡수한 소장의 상피세포는 어떨까? 소장의 상피세포는 흡수한 포도당을 거의 쓰지 않고 애써 혈관으로 보내 뇌가 먼저 쓸 수 있도록 한다. 소장 세포도 생명 활동을 하려면 많은 ATP가 필요한데, ATP를 합성하는 에너지원으로 포도당 대신 글루탐산을 사용한다.

국제글루탐산기술위원회(International Glutamate Technical Committee; IGTC)는 방사성동위원소*를 가진 글루탐산을 이용한 실험에서, 음식물로 섭취한 글루탐산의 95퍼센트 이상이 장내 에너지원으로 소비된다는 사실을 밝혀냈다. 소장의 상피세포는 수많은 영

---

* 방사성동위원소는 아주 적은 양이 존재해도 쉽게 검출할 수 있는 방사선을 방출하므로, 이를 이용해 물질의 이동을 실시간으로 추적할 수 있다.

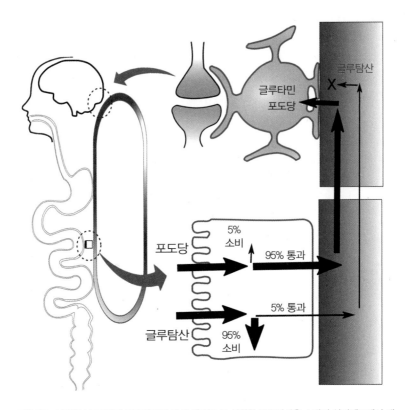

그림 27 소장에서 포도당과 글루탐산의 대사. 음식으로 섭취한 글루탐산은 소장의 상피세포에서 대부분이 에너지원으로 소비되고, 남는 것은 알라닌과 글루타민으로 전환되어 혈액으로 보내진다. 혈액으로 이송되는 글루탐산은 극히 일부라서, 음식에 글루탐산이 많든 적든 혈액의 글루탐산 농도는 별로 변하지 않고 낮은 상태를 유지한다. 그래서 소장의 상피세포를 내장장벽(splanchnic barrier)이라고도 한다. 글루탐산이 장벽에 막혀 차단되는 것이다.

양소를 흡수하고 이들을 혈관으로 대량 수송하지만, 정작 자신은 매우 제한된 영양소만 사용한다. 에너지를 만드는 데에 사용되는 연료는 주로 글루탐산(그리고 글루타민과 아스파트산)이며, 포도당과 지방산은 적게 쓴다. 글루탐산은 장운동을 활발하게 하는 호르몬인 세로토닌(serotonin)의 양을 늘리며, 소화 과정에서 체온을 높여 대사를 원활하게 하고, 항산화제인 글루타티온을 합성한다. 그러니 글루탐산이 부족하면 장이 건강하기 힘들고, 장이 건강하지 못하면 몸이 건강하기 힘들어진다.

엄마와 아이도 글루탐산을 좋아한다. 임산부는 태반을 통해 배 속에 있는 아이에게 글루탐산을 전달하고, 출산 후에는 모유를 통해 글루탐산을 제공한다. 모유에는 20가지 아미노산이 들어 있는데, 그중 글루탐산의 함량이 가장 많다. 특히 단백질 형태로 결합하지 않은 유리(free) 아미노산 중에서는 50퍼센트 정도가 글루탐산이다. 상상을 초월하는 양이다. 모유 100밀리리터에는 유리 글루탐산이 21.6밀리

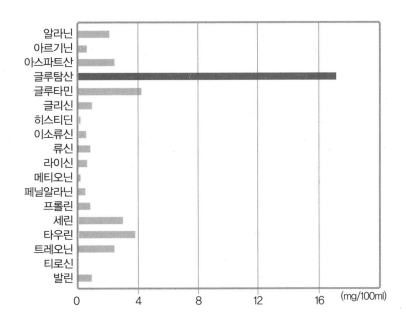

그림 28 출산 7일 후 모유의 유리 글루탐산 함량(출처: Umami Information Center)

그램이 들어 있는데, 이는 우유의 1.9밀리그램보다 10배 이상 많은 양이다. 아이는 모유의 유리 글루탐산을 맛보며 감칠맛에 익숙해진다. 모유를 먹이던 아이에게 처음으로 모유 대신 우유를 주면 잘 먹으려 하지 않는다.

왜 모유에 유난히 유리 글루탐산이 많은지는 아직 확실히 밝혀지지 않았다. 그런데 혹시 그 이유가 엄마의 몸에 글루탐산이 충분히 남아돌기 때문일까? 전혀 아니다. 모유의 글루탐산 함량은 수유 여성이 섭취한 글루탐산과는 상관이 없다고 한다. 생화학자 루이스 D. 스테깅크(Lewis D. Stegink)와 조지 L. 베이커(George L. Baker)의 연구에 따르면, 모유 수유를 하는 여섯 명의 산모에게 6그램의 MSG를 캡슐 형태로 물이나 죽 같은 음식과 함께 섭취하도록 했으나 모유의 글루탐산 함량에는 변화가 없었다. 이건(A. R. Egan)의 실험에 따르면, 소나양에게 MSG를 먹여도 우유(양유)에 포함된 글루탐산의 양에는 변화가 없었다. 방사선으로 표시한 글루탐산을 먹여 그것이 몸속에서 어떻게 변하는지 살펴본 결과, 그 글루탐산은 모두 젖샘에서 구연산으로 전환되어 대사되었고, 우유로는 전달되지 않았다. 우유 속 글루탐산은 음식에서 얻어지지 않고 젖샘에서 따로 만들어진다는 사실이 밝혀진 것이다. 그러니 모유에 글루탐산이 많은 이유는 그것이 남아돌기 때문은 아니며, 엄마는 아이에게 글루탐산을 애써 만들어서 주는 것이다.

식물도 글루탐산을 좋아한다. 식물은 모든 아미노산을 스스로 합성한다. 굳이 아미노산을 공급할 필요는 없지만, 그래도 아미노산 영양제를 보충하면 식물의 성장에 도움이 된다. 그런 식물 영양제의 주성분도 글루탐산이다. 식물이 아미노산을 합성하기 위해서는 질산이나 암모니아가 필요한데, 이들은 너무 많으면 오히려 식물에게 해가 된다. 과도한 질산염은 세포 신장을 촉진하는데, 세포 형성이 너무 빠르면 세포벽이 고무줄처럼 늘어나고 가늘어지며 조직이 약해져서 해충의 침입이 쉬워진다. 또 과도한 암모니아는 칼슘, 마그네슘, 칼륨 등 다른 중요한 미네랄의 흡수를 방해한다. 그래서 식물에게 영양제로 아미노산을 직접 공급하면, 질산이나 아미노산을 적게 사용하므로 세포가 더 튼튼하게 성장하는 경향이 있다.

또한 글루탐산은 효과적인 킬레이트(chelate) 물질로 알려져 있다. 킬레이트 물질이란 미네랄이나 중금속과 결합하는 능력을 가진 것으로, 식물이 토양의 미네랄을 잘 흡수할 수 있도록 한다. 미네랄은 극성이 있는 이온 상태로 존재하여 식물이 흡수하기 쉽지 않은데, 이때 글루탐산은 미네랄과 결합(킬레이트화 반응)하여 흡수와 수송을 용이하게 한다.

뇌가 글루탐산을 정말 좋아한다. 우리 몸속 글루탐산 함량은 총 1킬로그램이 넘지만, 대부분 단백질로 되어 있으며 유리 글루탐산은 10그램에 불과하다. 그것의 23퍼센트가 뇌에 있다. 뇌의 질량이 우리 몸의 2퍼센트에 불과하다는 사실로 미루어 볼 때, 그 23퍼센트는 정말 엄청난 비율이다. 뇌에는 약 860억 개의 신경세포가 있고, 각각의 신경세포는 대략 7000개의 시냅스를 통해 주변의 신경세포와 신호를 주고받는다. 우리 몸의 근육은 독특한 분자인 아세틸콜린을 신호물질로 사용하지만, 뇌에서는 그 역할을 주로 글루탐산이 한다. 만약에 글루탐산이 없으면 우리의 뇌는 멈추게 되고, 생각도, 의식도, 기억도, 학습도 사라지게 된다. 글루탐산 이외에 다른 신경전달물질도 있지만, 다른 것들은 글루탐산이 정상적으로 작동했을 때만 그 기능을 수행할 수 있다.

또한 글루탐산은 뇌의 발달 과정에서 신경세포의 이동에도 중요한 역할을 한다. 새로 생긴 신경세포는 만들어진 곳에서 최종 목적지로 이동해야 하는데, 이 이동은 뇌의 성숙에 있어 매우 중요한 단계다. 성장기 아동의 뇌에서 이 이동에 문제가 생기면, 뇌가 정상적으로 발달하지 못한다. 뇌에서 특정 가바 및 글루탐산 수용체가 활성화되면, 이것이 세포의 운동을 촉진 또는 정지하는 신호로 작용하여 신경세포의 이동에 도움이 된다고 한다.

제2장

얼마나 맛있게요?
글루탐산과 MSG

"한 자밤 감칠맛의 속사정"

아미노산의

맛 ◇◇◇◇◇ "엄마의 손맛을 닮아 어려서부터 요리에 소질이 있었다. 하지만 결혼 후 된장찌개나 고추장찌개 등에 도전을 많이 해봤으나 엄마 맛을 따라가는 데에는 분명 한계가 있었다. 특히 엄마가 버섯에 돼지고기를 크게 썰어 넣는 버섯찌개를 잘하는데, 그 맛을 도저히 따라할 수가 없었다. 그러다 우연히 엄마가 버섯찌개를 끓이는 모습을 보다가 무슨 가루를 듬뿍 넣으시는 모습을 포착했다. 집에 돌아와 음식들에 MSG를 넣기 시작했더니 엄마의 맛이 나기 시작했다." 방송인 박경림 씨가 과거에 한 토크쇼에 출연해서 한 말이다. 특히 콩나물국은 MSG가 없이는 도저히 그 맛이 안 난다는 사람이 많은데, 이

MSG가 바로 글루탐산이다. 누구나 맛난 맛을 좋아하는데, 그 맛(감칠맛)의 실체이자 핵심이 글루탐산인 것이다.

감칠맛의 비밀을 밝히는 데에는 일본 과학자의 역할이 가장 컸다. 그 시작은 1907년, 일본의 화학자 이케다 기쿠나에(池田菊苗)가 다시마 국물 맛의 비밀이 글루탐산임을 밝혀냈다. 그리고 또 다른 감칠맛을 내는 물질인 이노신산이 1913년 가쓰오부시에서, 구아닐산이 1957년 표고버섯에서 발견되었다. 그리고 1997년 생쥐의 맛봉오리에서 감칠맛(글루탐산) 수용체가 발견되고 2000년에 사람의 혀에서도 감칠맛 수용체가 발견된 이후, 감칠맛은 단맛, 짠맛, 신맛, 쓴맛에 이어 제5의 맛으로 완전히 확정되었다.

이제는 글루탐산이 감칠맛을 낸다는 사실 정도는 많은 사람이 알 것이다. 그런데 글루탐산 이외에 나머지 아미노산은 무슨 맛일까? 맛은 5가지뿐이므로 아미노산의 맛도 당연히 단맛, 짠맛, 신맛, 쓴맛, 감칠맛 중 하나다. 이 5가지 맛 중에서 짠맛은 나트륨 이온의 맛(소금)

그림 29 아미노산 맛의 분류. 이 분류는 감칠맛을 제외하면 극명하지 않으며, 예를 들면 '중립'에 속한 아스파라긴은 감칠맛이 나기도 한다. 여기서 가장 유감스러운 사실은, 아미노산 중에서 쓴맛을 내는 것이 많다는 점이다. 쓴맛 이외의 맛은 1~2가지 수용체만으로 감지하는데, 쓴맛은 무려 25가지 수용체로 감지한다. 그러니 어지간한 저분자 물질은 쓴맛으로 느껴지기 쉽다. 또한 쓴맛은 다른 감각에 비해 역치도 낮은 편이어서, 아주 조금만 먹어도 강한 쓴맛이 느껴지는 물질이 많다. 미각에서는 쓴맛이 가장 민감하고 까다롭다. (출처: Umami Information Center)

이고 신맛은 수소이온의 맛(식초, 레몬 등 산성 물질)이므로, 아미노산은 단맛, 쓴맛, 감칠맛 중의 하나다. 아미노산 중에서 산성 아미노산인 글루탐산과 아스파트산이 글루탐산 수용체에 결합하니 감칠맛이 난다. 글루탐산은 아스파트산보다 분자 길이가 약간 더 길고 감칠맛이 3배나 강하다.

감칠맛이 나는 물질은 생각보다 다양하다. 글루탐산과 아스파트산 말고도, 단백질 합성에 참여하지 않는 테아닌, 베타인, 이보텐산 같은 아미노산도 있고, 카르노신이나 글루타티온같이 아미노산이 몇 개 결합한 물질, 석신산(호박산) 같은 산미료도 감칠맛을 낸다. 핵산의 일종인 이노신산과 구아닐산도 대표적인 감칠맛 성분이다. 이노신산은 소고기 맛을, 구아닐산은 송이버섯 맛을 낸다. 이노신산이 많은 식품은 제법 있다. 일본에 가쓰오부시가 있다면, 우리에게는 멸치가 있다. 멸치에 글루탐산은 생각보다 조금 들어 있지만, 대신 이노신산이 많아 국물을 낼 때 자주 쓰인다. 멸치와 더불어 참치, 돼지고기, 닭고기에도 이노신산이 상당히 많다. 반면 구아닐산이 들어 있는 식품은 버섯과 김 정도를 제외하면 드물다.

감칠맛 물질이 다양한 반면, 감칠맛을 느끼는 수용체의 종류는 아주 적다. 글루탐산 수용체는 크게, 이온 통로가 있는 이온 통로형 수용체(ionotropic glutamate receptor; iGluR)와 이온 통로가 없는 대사성 수용체(metabotropic glutamate receptor; mGluR) 두 가지로 나눌 수 있다. 뇌에는 이온 통로형이 많지만, 혀에 존재하는 수용체는 대사성이다. 감칠맛이 다섯 번째 맛으로 확정된 이유는 혀에서 이 대사성 수용체가 발견되었기 때문이다.

타입(종류)	이름(작용기)
이온 통로형 (iGluR)	NMDA(N-methyl-D-aspartate) 수용체 AMPA(α-amino-3-hydroxy-5-methyl -4-isoxazolepropionic acid) 수용체 카이네이트(kainic acid) 수용체
대사성 (mGluR)	G단백질 연결 수용체 (G protein coupled receptor; GPCR)

표 6 글루탐산 수용체의 종류

치즈 같은 발효식품이 인기인 이유는 무엇일까? 사실 식품 성분의 대부분은 물과 탄수화물, 단백질, 지방이고, 이들은 무미·무취다. 감각을 담당하는 수용체는 세포막에 존재하는 막 단백질로 크기가 대부분 10나노미터 이하고, 실제 맛 물질과 결합하는 부위는 대부분 1나노미터 이하다. 그래서 탄수화물이나 단백질 같은 거대 분자는 맛으로 느끼지 못한다.

우유를 발효하여 치즈로 만드는 이유는 간단하다. 치즈를 만드는 과정에서 우유에 있는 수분과 탄수화물(유당)이 많이 제거되고 단백질이 농축되며, 미생물이 발효하는 동안 그 단백질이 분해되어 유리글루탐산이 증가하기 때문이다. 우유의 단백질 함량 비율은 3.6퍼센트지만, 치즈가 되면서 수분이 감소하고 단백질의 비율이 36퍼센트로 10배 늘어난다. 단백질 분해율은 0.2퍼센트에서 13.5퍼센트로 약 67배 증가하여, 혀로 느낄 수 있는 글루탐산이 600배 증가한다. 그러니 치즈의 감칠맛은 우유와는 비교할 수 없이 높다. 이것이 세상에서 그렇게나 다양한 치즈가 사랑받는 비밀이다.

미생물의 효소로 단백질을 분해하여 감칠맛의 재료를 만드는 일은 생각보다 아주 오래전부터 있었다. 우유의 단백질을 분해한 치즈, 콩

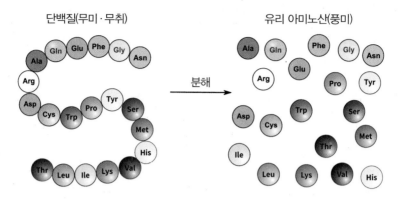

단백질(무미·무취)　　　　　　　　　유리 아미노산(풍미)

분해

그림 30　단백질을 유리 아미노산으로 분해해야 맛으로 느낄 수 있다.(출처: Umami Information Center)

의 단백질을 분해한 된장과 간장, 생선의 단백질을 분해한 젓갈이나 어간장이 대표적인 감칠맛 재료다. 사실 단백질을 제대로 발효하기는 생각보다 어렵다. 하지만 오래전부터 감칠맛에 대한 갈망이 많았기 때문에, 까다롭고 손이 많이 가는 발효식품을 그렇게 다양하게 만들어 먹었던 것이다. 예전 종갓집 음식 맛의 비결은 대부분 까다롭게 발효한 장류에서 나왔다.

감칠맛의

기술 ◦◦◦◦◦　음식을 만들 때 감칠맛을 내는 기본적인 방법은 유리 글루탐산이 많은 재료를 사용하는 것이다. 유리 글루탐산은 다시마, 치즈, 김 등에 많아 이 재료들은 언제나 인기를 끌었다. 식물은 단백질이 적어서 글루탐산의 양도 적다. 하지만 전체 글루탐산의 10퍼센트 이상이 유리 아미노산 상태다. 동물의 몸속에 있는 유리 글루탐산의 비율이 1퍼센트 정도인 데에 비해, 그 비율이 10배나 높다. 그래서 샤브샤브 국물에 야채를 넣어도 꽤 감칠맛이 나는 것이다. 야채 중에서도 토마토는 유별난 작물이다. 잘 익은 토마토는 무려 59퍼센트가 유리 글루탐산으로 존재한다. 토마토는 가히 감칠맛을 위해 존재하는 채소라 할 수 있다. 토마토 말고도 이렇게 유리 글루탐산이 많은 재료가 요리에서 많은 사랑을 받았다.

감칠맛에는 다른 맛에는 드문 재미있는 현상이 있는데, 바로 감칠맛의 상승효과다. 감칠맛의 재료를 한 가지 쓸 때보다 궁합이 맞는 다른 재료와 같이 쓰면 감칠맛이 엄청나게 상승하는 것이다. 글루탐산

글루탐산		구아닐산	
다시마	2240	말린 표고버섯	150
파마산 치즈	1680	말린 곰보버섯	40
김	1378	김	13
절인 햄	337	말린 곰팡이 포시니 버섯	10
에멘탈 치즈	308	말린 느타리버섯	10
토마토	246	닭	5
체다	182	소고기	4
팻주	140	대게	4
녹색 아스파라거스	106	이노신산	
푸른 완두콩	106	참치 플레이크	967
양파	51	멸치	863
시금치	48	건조 가쓰오부시	700
녹차 엑기스	32	가쓰오부시	474
닭	22	참치	286
대게	19	닭	283
소고기	10	돼지고기	260
감자	10	소고기	90

표 7 여러 식품에서의 감칠맛 물질 비율(mg/100g)

감칠맛 재료	글루탐산	이노신산	구아닐산	대표 재료
고기류	○	○○○○		뼈 등 부산물도 이용
생선류	○	○○○○		멸치, 가쓰오부시
게, 새우	○	○○		
오징어, 문어	○○	○		
말린 오징어		○○○○		
조개	○○○			
다시마	○○○○			
말린 표고버섯	○○		○○○○	
야채	○○			토마토
단백분해물	○○○○			된장, 간장, HVP*
김	○○○	○	○○	

표 8 감칠맛의 재료마다 포함된 감칠맛 성분의 양. 동그라미(○)는 상대적인 비율을 표시한 것이다. (*HVP: 식물성 단백질 가수분해물(hydrolyzed vegetable protein). 콩, 밀 등의 식물성 단백질을 분해해서 얻는 물질.)

과 이노신산의 감칠맛 상승효과는 인상적이다. 두 성분을 50대 50 비율로 혼합하면 감칠맛이 가장 많이 상승해서, 무려 7배까지 증폭된다. 물론 이노신산과 같은 핵산계 조미료가 MSG에 비해 가격이 비싸므로 이렇게 많이 넣을 필요는 없다. 이노신산을 10퍼센트만 혼합해도 감칠맛은 5배 이상 증가하고, 1퍼센트만 혼합해도 2배는 증가한다. 다시마로 국물을 낼 때 가쓰오부시나 멸치를 꼭 함께 넣는 이유가 바로 여기에 있다. 구아닐산은 더하다. 50대 50 혼합이면 감칠맛이 무려 30배나 증폭된다. 10퍼센트만 혼합해도 거의 20배, 1퍼센트만 혼합해도 5배가 증폭된다. 그 자체로는 별로 맛이 없는 버섯이 온갖 국물 요리에 자주 쓰이는 이유다. 감칠맛 물질의 조합 비율에 따라 감칠맛 상승효과가 어떻게 달라지는지가 과학적으로 밝혀진 것은 1960년대의 일이었다. 하지만 그보다 훨씬 오래전부터 사람들은 이미 경험으로 그 효과를 알고 사용하고 있었다. 세상 대부분의 맛있는 요리에서 핵심인 국물 우려내기 과정을 살펴보면 알 수 있다. 나라마다 각자의 스타일은 다르지만, 일본은 다시마와 가쓰오부시를 같이 쓰고, 우리나라에서는 다시마와 멸치를 같이 쓰고, 중국은 야채와 닭뼈를 같이 쓰며 그 상승효과를 이용해왔다.

감칠맛과 맛 수용체를 둘러싼 맛의 상호작용은 복잡하다. 감칠맛의 상승효과뿐 아니라 다른 맛과 감칠맛 사이의 상호작용도 존재한다. 감칠맛은 소금이 있어야 제대로 맛난 맛으로 느껴지고, 산미가 있으면 강해지기도 한다. 더구나 단순한 맛 이외에 일부 향기 성분에도 감칠맛을 높이는 효과가 있다. 그래서 온갖 식재료가 합해지면 맛이 더 풍성해지는 것이다. 심지어 단독으로는 나쁜 맛인데 양이 적고 다른 성분과 같이 있으면 좋은 맛이 되는 경우도 많다. 예를 들면 단맛 수용체와 쓴맛 수용체는 둘 다 G수용체(GPCR)로 그 구조가 같다. 그래서 단맛이 먼저 그 수용체를 차지하면 상대적으로 쓴맛은 덜 느끼게 된다.

감칠맛 수용체는 G수용체 중에서 C타입으로, 흔한 A타입보다 4배나 큰 단백질이다. 다른 G수용체에 비해 상단에 거대한 구조가 있어서, 신호 분자와 결합이 가능한 부위가 1개가 아니라 여러 개다. 따라서 다양한 방식으로 감칠맛 수용체의 활성을 조절할 수 있다. 상단의 그 거대한 구조에 억제 물질이 결합하면 수용체의 다른 결합 부위가 불활성화되기도 하며, 어떤 물질은 감칠맛 물질이 평소보다 훨씬 강하게 결합하도록 수용체의 구조를 바꾸어주기도 한다. 이것이 감칠맛 상승효과의 원리다. 감각 수용체의 활성은 수용체의 형태, 즉 단백질

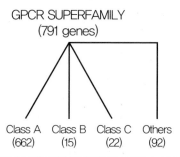

그림 31 G수용체의 계통 발생적 분류(유전자 유사성에 따른 분류). A: 로돕신 계열, B: 세크레틴 계열, C: 글루탐산염 계열.(출처: Bjarnadóttir TK et al., 2006)

의 형태가 어떻게 되는가에 따라 크게 달라진다. 그리고 단백질의 형태에 따라 그 기능이 달라지는 원리는 맛 수용체뿐만 아니라 우리 몸전체의 작동 원리이기도 하다. 맛 수용체, 신경 수용체, 효소 등은 모두 단백질이며, 그 형태가 기능을 결정한다.

감칠맛 수용체는 혀에만 있는 것이 아니다. 감칠맛은 단순히 혀에서 느끼는 것으로 끝나지 않는다. 글루탐산 수용체는 위나 장과 같은 소화관 및 위장관의 점막에도 존재하여, 영양소의 흡수를 중재하는 것으로 밝혀졌다. 글루탐산이 장에 있는 글루탐산 수용체를 자극하면 미주 전수 신경섬유(vagal afferent nerve fibers)를 통해 대뇌피질, 기저핵, 시상하부 등 뇌의 여러 부분을 활성화한다. 이 신호로 소화에 필요한 호르몬, 흡수에 필요한 호르몬 등을 분비하는 신호가 활성화된다. 장에서의 감각이 장-뇌 연결축(gut-brain axis)을 통해 뇌의 무의식 영역으로 전달되어 음식의 섭취에 영향을 주는 것이다. 또한 위와 장에 있는 글루탐산 수용체는 글루탐산이 들어왔을 때 점액을 분비하여 점막을 보호한다. 이 점액이 헬리코박터 파일로리균 감염에 의한 손상을 막아 위 건강에 도움을 준다는 연구도 있다.

　생리학자들에 따르면, 위의 수용체가 글루탐산을 감지하면 단백질 분해효소인 펩신과 위산의 분비를 높이는 신호를 보낸다고 한다. 글루탐산이 위에서의 단백질 소화 기작을 활성화하는 것이다. 그리고 이 글루탐산 신호는 단백질이 풍부한 음식을 먹었을 때 포만감을 느끼도록 하는 데에도 도움을 준다. 이러한 기능들은 우리가 왜 글루탐산의 감칠맛이 풍부한 식재료를 그토록 선호하는지 설명할 수 있다. 게다가 위에 글루탐산이 들어올 때는 반응이 있어도, 다른 아미노산에는 반응이 없다. 즉, 위에서의 단백질(아미노산)의 감각은 전적으로 글루탐산에 의존한다. 글루탐산이 단백질 감각의 선봉장인 셈이다.

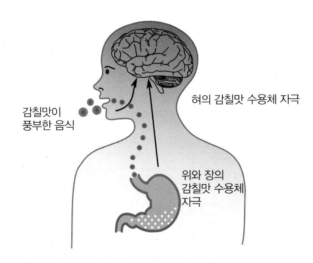

그림 32 감칠맛(글루탐산)의 역할. 감칠맛이 풍부한 음식은 우선 혀의 감칠맛 수용체를 자극한다. 우리의 뇌는 그 음식을 맛있다고 느끼며 더 먹고 싶게 만든다. 이어서 글루탐산이 위나 장에 있는 감칠맛 수용체를 자극하면, 뇌는 몸에 단백질이 들어왔음을 인지하고 단백질의 소화와 흡수에 도움을 주는 물질을 분비하는 신호를 생성한다.

위에서 글루탐산 신호가 만들어내는 포만감은 신생아의 몸무게 조절에도 중요한 역할을 한다. 앞에서도 말했지만, 모유에 들어 있는 유리 아미노산 중에 가장 풍부한 것이 글루탐산으로, 우유의 10배나 된다. 초유에는 글루탐산 함량이 적지만, 신생아가 고형식을 먹기 시작하는 생후 6개월쯤까지의 수유 기간 동안에는 그 양이 엄청나게 증가한다. 그런 모유를 먹인 신생아는 비교적 모범적으로 체중이 증가하는 반면, 모유 대신 우유를 먹인 신생아는 첫 12개월 동안 급격한 체중 증가를 보인다. 이 급격한 증가는 후에 비만의 위험을 증가시키는 것으로 보고되었다. 우유보다 모유에 훨씬 많은 유리 글루탐산이 신생아에게 포만감을 주어 급격히 몸무게가 늘어나지 않도록 하는 것이다.

글루탐산의 이러한 체중 조절 효과는 나이가 들어서도 유효하다는 연구가 있다. 표준 체중의 20~40세 여성에게 MSG를 첨가한 닭국물을 제공했을 때, 차후 배고픔을 느끼는 정도와 간식 섭취 욕구가 MSG를 제공하지 않은 대조군에 비해 상당히 감소했다. 글루탐산이 성인의 몸무게 조절에도 중요한 역할을 할 수 있는 것이다. 하지만 우리 몸에서 체중에 관련된 인자는 3000개가 넘는다. 글루탐산 하나가 비만의 해결책이 될 수 있을 거라는 기대는 하지 않는 게 좋다.

미각의 종류는 단순하지만
힘은 강력하다 ·····
혀로 느끼는 맛의 종류는 5가지뿐이고, 세상의 다양한 음식 맛은 전적으로 후각의 몫이다. 그래서 향의 화려함에 현혹되어 5가지 기본 맛의 진짜 위력을 망각하기 쉽다. 요리에서는 소금이 세상에서 가장 맛있는 성분이라는 사실을 인지하기 힘들고, 과일이나 간식에서는 설탕이 가장 맛있는 성분이라는 것을 자각하기 힘들다. 맛의 위력을 깨닫기 위해서는 그 단순하지만 가장 중요한 성분을 없애보면 된다. 만약 과일에서 단맛이 부족하면 단지 맛만 줄어들지 않고 향도 빛을 잃는다(말 그대로 아무리 향기로워도 '맛이 없다'). 하지만 단맛이 약한 과일에 설탕을 추가하면 향을 포함한 모든 풍미가 증가한다.

기본 맛은 5가지뿐이고, 실제 우리가 느끼는 맛의 다양성은 향에서 나온다. 그래서 맛을 연구하는 많은 과학자들은, 풍미를 느끼는 데에서 미각의 역할은 10~20퍼센트뿐이고 후각이 80~90퍼센트의 역할을 한다고 말한다. 하지만 그 말은 틀렸다. 분명 맛의 다양성에는 후각의 역할이 훨씬 크지만, 풍미에는 미각의 역할이 더 중요할 수 있다. 음식의 향은 맛이 있어야 빛을 발하기 때문에, 미각은 맛에서 50퍼센트 이상의 역할을 한다고 보아야 한다. 만약에 향이 90퍼센트의 역할을 한다면, 우리는 맹물에 향기만 나는 제품을 마시면서도 어느 정도의 만족감을 가져야 한다. 그러나 그런 제품은 출시되자마자 시장에서 외면당하고 퇴출될 것이다. 그리고 소금, 설탕, 탄수화물 중독 같은 맛에 대한 중독은 있어도 향 중독은 없다. 음식에서 향의 의미는 맛에 의해 만들어지는 것이다.

맛의 다양성은 향에 의한 것이라, 감기 등으로 코가 막히면 맛은 희미해지고 먹는 즐거움은 크게 떨어진다. 하지만 미각에 문제가 생기면 단순히 불편한 정도가 아니라 견디기 힘든 고통이 되기도 한다. 저

미각증(hypogeusia)이나 무미각증(ageusia)은 여러 원인으로 발생할 수 있다. 음식물을 용해하여 맛을 느끼는 데에 큰 도움을 주는 침의 분비가 잘 안 되는 쇼그렌증후군(Sjögren's syndrome), 지나친 흡연, 머리나 목의 방사선 치료, 심한 탈수, 항히스타민제나 항우울제 복용, 영양실조(아연, 구리 부족) 등으로 올 수 있다. 미각세포가 망가져 맛을 느끼지 못하면, 먹는 것이 고통이 될 수 있다는 사실을 처음으로 알게 된다. 미각세포가 제 역할을 못하면 음식이 마분지처럼 느껴져 목구멍으로 넘어가지 않는다고 한다. 살기 위해서는 뭐라도 먹어야 한다고 아무리 다짐해도 입이 열리지 않는다. 향이 잘 느껴지지 않으면 조금 불편할 뿐이지만, 맛이 느껴지지 않으면 생존에 문제가 발생하는 것이다. 한편 늙어가면서 미각에 문제가 생기기도 한다. 예전에 좋아했던 음식도 나이가 들면 심드렁해지는 이유는 미각의 노화 때문이기도 하다. 3000~1만 개의 맛봉오리에 있는 미각세포가 45세를 전후해 감소하고 퇴화하면서 미각이 둔해진다. 노인이 짜게 먹는 이유는 짠맛을 잘 느끼지 못하기 때문이다.

음식에서 맛이 중요하다면, 5가지 기본 맛 중 하나인 감칠맛 또한 중요하게 다루어져야 한다. 그런데 일부에서는 감칠맛이 애초에 '기본 맛'으로조차 인정받지 못하고 있다. 최근에 인지신경과학자 레이첼 허즈(Rachel Herz) 교수는 맛은, 단맛, 짠맛, 신맛, 쓴맛 이 4가지가 기본 맛이고 감칠맛은 지방맛, 매운맛, 칼슘맛 등과 함께 스무 가지 정도의 구강 감각 중 하나라고 주장했다. 감칠맛은 기본 맛의 지위에 오를 요건을 충족하지 못했다는 것이다. 서양에서는 오랫동안 MSG를 향미증진제(flavor enhancer)로 분류했고, 지금 우리나라 식약처도 MSG를 향미증진제라고 표기한다. 하지만 다른 맛 성분에 관해서는 이러한 표기를 사용하지 않는다. 예를 들면 '설탕(단맛)', '소금(짠맛)', '식초(신맛)'이라고 표시하지 않는다. 그런데 글루탐산나트륨에만 유난하게 향미증진제라고 표시한다. 글루탐산나트륨이 뭔지 모르는 사람이 많아서 표시할 필요가 있다면, '글루탐산나트륨(감칠맛)'이라고 표시하는 것이 맞지 '향미증진제'라는 표기는 적절하지 않다. MSG를 향미증진제라고 표시한다는 것은, 감칠맛은 아직 기본 맛이 아니며 다른 기본 맛의 향미를 증진하는 역할만 한다는 주장이 되기 때문이다.

실제로 MSG만을 먹어보면, 그 자체로는 좋은 맛으로 느껴지지 않으며 다른 맛과 어울려야 전체적인 풍미가 높아진다. 그런데 이런 현상이 감칠맛에만 국한된 이야기일까? 소금도 그 자체로는 좋은 맛이 느껴지지 않고, 음식의 다른 성분과 어울려야 제맛이 난다. 식초도 그냥 먹으면 괴롭고, 적당량이 다른 것과 어울려야 제맛이 난다. 짠맛도 신맛도 기본 맛이면서 동시에 다른 것과 어울려 음식의 풍미를 살리는 향미증진제인 것이다. 그러므로 MSG가 향미증진제라면 소금과 식초도 향미증진제인 셈이다.

맛의 실체, MSG 한 자밤의

비밀 ..... 예전에 MSG의 사용 여부로 '착한 식당'을 결정하는 방송이 인기일 때는, MSG에 대한 오해와 편견이 정말 많았다. 방송에서는 MSG를 마치 독극물처럼 다루었기 때문에 모두 MSG의 사용을 줄이려고 노력했는데, MSG를 쓰지 않고 저렴한 가격에 맛있는 음식을 만들기는 정말 어려웠다. 그래서 '착한' 식당의 선정이 어려웠고, 그래서 그 방송의 여파가 더 크기도 했다. 그런데 다른 '착하지 못한' 식당에서 MSG를 빼기 힘들었던 진짜 이유는 무엇일까?

MSG를 한 자밤만 넣어도 음식의 맛이 완전히 좋아지는 현상을 보고, 어떤 사람들은 MSG가 천연이 아닌 화학물이라서 강력하다고 말하기도 한다. 하지만 MSG는 된장이나 간장처럼 발효로 만들어진 물질이고, 맛은 원래 극히 적은 양의 물질로도 느낄 수 있다. 쓴맛 때문에 도저히 먹기 힘든 음식도 그 안에 포함된 실제 쓴맛 성분은 그리 많지 않고, 신맛도 아주 적은 양의 신맛 성분에서 느껴진다. 음식에 소금을 조금 넣으면 짜지는가? 전혀 아니다. 향도 풍부해지고 맛도 기가 막히게 좋아진다. 음식에서 짠맛이 느껴지면, 그것은 소금을 넣어도 너무 많이 넣었기 때문이다. 하지만 소금을 넣었는데 짠맛이 나지 않고 맛이 확연히 좋아졌다고 해서, 세상 그 누구도 이를 화학물의 장난이라고 하지는 않는다. MSG를 조금 넣었는데 맛이 확 좋아지는 현상은, 소금을 조금 넣었을 때 맛이 좋아지는 현상과 완벽하게 같다. 우리 몸은 원래 맛을 그렇게 감각하도록 되어 있기 때문이다

우리가 음식의 맛을 감각하는 이유는 결국, 먹을 것이냐(쾌감) 아니면 먹지 말 것이냐(불쾌감)를 판단하기 위해서다. 어떤 물질이 단맛이 나는지 짠맛이 나는지를 판단하는 일은 중요하지 않다. 중요한 건 그게 몸에 유용한 성분인지(맛있는지) 아닌지(맛없는지)를 판단하는 일이다. 몸에 유용하다는 최종 판단이 뇌의 안와전두피질에서 일어나면, 도파민이 분비되어 쾌감이 느껴지고 행동이 결정된다(맛있게 먹는다).

뇌는 음식에 담긴 다양한 맛과 향을 따로따로 분석하지 않고 전부 통합해서 그 음식이 좋은지 나쁜지를 결정한다.

그리고 그 쾌감 시스템을 자극하기 위해 필요한 맛 물질의 양은 그리 많지 않다. 적당히 우리 몸에 필요한 만큼만 있으면 된다. 맛은 5가지뿐이고, 그중에서 요리 맛의 주역은 짠맛과 감칠맛이다. 짠맛은 음식에서 소금 0.9퍼센트, 감칠맛은 MSG 0.5퍼센트만 있으면 충분하다. 여기에 적당한 향이 합해지면 요리의 맛이 놀랍게 좋아진다. 갖출 것을 다 갖춘 음식에 간이 부족할 땐 소금을 넣고, 감칠맛이 부족할 땐 MSG를 넣으면 그렇게 맛이 확 좋아지는 것이다. 결국 MSG가 화학물이라 그렇게 놀라운 효과를 보인다는 주장은 맛의 실체가 무엇인지 전혀 모른다는 말과 같다.

같은 재료를 가지고 비슷한 양을 사용해서 음식을 만든다면, 어떤 음식이든 그 품질 자체는 비슷할 것이다. 하지만 아무리 품질 차이가 적어도 우리가 맛에 민감하고자 한다면, 우리의 감각과 뇌는 그 미세한 차이를 절묘하게 증폭하여 큰 쾌감의 차이를 만들어 낸다. 특히 결정적인 순간에는 아주 미세한 차이로도 엄청난 차이를 만든다. 맛에 대한 감각이 뛰어난 사람은 본능적으로 재료 사이의 황금비율을 찾을 줄 안다. 그래서 다른 평범한 사람들과 비슷한 재료와 방식으로 요리를 하더라도 최고의 맛을 끌어낸다. 한 자밤의 MSG, 두 자밤의 소금, 사소한 가열 시간과 방법 차이로도 확 다른 맛을 내는 것이다.

글루탐산의 대량생산이 만든

맛의 민주화 〰〰〰〰 여전히 음식에 대한 오해와 편견이 많다. 대표적으로 MSG가 오해를 많이 받아왔다. MSG는 발효로 만들어진 아미노산이고, 소금이나 설탕만큼 많이 쓰인 적도 없다. 국물 음식을 좋아하는 한국인이 과다하게 섭취하는 소금과 비교해보면, MSG는 소금보다 40배나 안전한 수준으로 사용되고 있다. 오히려 MSG는 요리의 간을 맞출 때 소금의 사용량을 줄이는 좋은 대체수단이 될 수도 있다. 그런데 한번 나쁘다는 소문에 휩싸이자 우리는 식품을 객관적으로 보는 능력을 잃었고, MSG는 지난 50년간 위해성 논란에 휘둘렸다. 감칠맛을 내는 MSG(monosodium glutamate)에 대해서도 제대로 알아볼 필요가 있다.

글루탐산이 조미료로 사용된 시기는 최근 100년 남짓이다. 소금이 사용되기 시작한 때가 5000년 전이고, 꿀이나 설탕이 사용된 것도 4000년 전, 식초가 사용된 것은 3500년 전이다. 글루탐산은 다른 맛 물질보다 수천 년이 더 지나서야 사용되기 시작했다. 과거에는 감칠맛이 풍부한 맛있는 음식은 아무나 먹을 수 없었다. 감칠맛 성분인 글루탐산을 많이 만들어내는 과정은 쉽지 않았다. 장을 담그기도 어렵고, 치즈도 쉽게 만들 수 있는 것은 아니다. 해물이나 육류를 우려내서 육수를 만들려면 많은 시간과 연료가 필요하다. 결국 감칠맛이 나는 음식은 충분한 여유가 있는 극소수의 사람들이나 즐길 수 있었고, 굶주림조차 해결하기 어려웠던 사람들에게는 그림의 떡일 수밖에 없었다.

그런 감칠맛을 누구나 즐길 수 있게 된 것은 일본 도쿄대학의 화학

자 이케다 기쿠나에 덕분이었다. 그는 감칠맛을 발견하고 아지노모 토(味の素)라는 회사를 세워 감칠맛의 대량생산 시대를 열었다. 처음에는 밀가루 단백질인 글루텐을 분해하여 MSG를 생산해, '아지노모 토'라는 이름으로 1909년부터 일본에서 판매를 시작했고, 대만과 한국에서는 1910년에, 중국에서는 1917년에 판매를 시작했다. 하지만 당시에는 글루텐분해법을 이용했기에 많은 양을 생산할 수가 없었고, 그래서 비싼 MSG를 아무나 쓸 수 있는 것은 아니었다. 요즘 사용되는 발효법은 1953년에야 MSG 생산에 시험적으로 이용되었으며, 1957년부터 대량생산 체제에 들어갔다. 대량생산이 가능해지면서 MSG는 일반인도 쉽게 쓸 만큼 가격이 저렴해졌다. 왕, 귀족, 부자 같이 돈 많은 사람뿐 아니라 누구라도 손쉽게 맛있는 요리를 즐길 수 있는, 맛의 민주화를 완성한 것이다. 글루탐산을 이용한 맛의 대혁명은 충분히 인정받을 가치가 있다.

오늘날 MSG는 김치나 된장을 만드는 과정과 다르지 않은 미생물 발효 공정으로 생산한다. 모든 생명체는 TCA회로를 통해 글루탐산을 만들고, 이는 미생물도 마찬가지다. 글루탐산도 과도하면 문제가 되므로 체내에 축적하는 양은 그리 많지 않은데, 미생물 중에서도 코리네균은 과잉으로 생산된 글루탐산을 체외로 배출하는 능력이 뛰어나다. TCA회로에서 알파케토글루타르산은 석신산(succinic acid)으로 전환되는데, 이 전환을 억제하면 코리네균은 필요한 석신산을 만들기 위해 계속 알파케토글루타르산을 만든다. 그리고 이것이 글루탐산으로 바뀌어 체외로 배출된다. 이렇게 미생물을 이용해 다량의 글루탐산을 얻을 수 있게 되면서 MSG 생산 효율이 급증했다. 코리네균이

TCA회로를 작동하도록, 주로 사탕수수에서 설탕을 추출하고 남은 당밀을 공급한다. 지금은 설탕 1000그램이 MSG 300그램으로 바뀔 정도로 높은 효율을 자랑한다.

그런데 일본이 태평양전쟁에서 패하고 한국과 교류가 끊기면서 MSG의 공급도 끊기게 된다. 아지노모토가 없어지자 그동안 한국에서 인기가 없던 멸치가 육수용으로 사용되기 시작했다. 하지만 멸치 육수만으로는 만족하지 못했고, 1956년 국내에서도 MSG를 생산하기 시작했다. 대상그룹 창업주 임대홍 회장은 1955년 일본에서 글루탐산 제조법을 배운 뒤 이듬해 국내에서 '미원'을 생산하기 시작했다. 1965년 12월부터는 본격적으로 발효법을 이용한 조미료 생산에 들어갔다. 그리고 미원은 우리나라에서 조미료의 대명사가 되었다.

미원이 엄청난 인기를 끌자 경쟁사가 참여했다. 그리고 MSG는 25퍼센트만 넣고 소고기와 양파, 마늘, 파, 후추 등 여러 재료를 추가한 제품도 등장했다. 그런 제품을 만든 회사들은 자신들이 만들어낸 조미료를 천연의 맛이라고 자랑하기 시작했다. 그러다 MSG가 아예 들어가지 않은 조미료인 '맛그린'이 등장하면서, MSG는 화학조미료이므로 위험하다는 유해성 마케팅이 시작되었다. 실제로 MSG는 그동안 계속 식품첨가물 중에서 '화학적 합성품'으로 분류되어왔다. 이렇게 분류된 이유는 코리네균이 배출한 글루탐산을 회수하면서 나트륨을 첨가해 글루탐산나트륨으로 만드는 공정이 있었기 때문이다. 순수하게 글루탐산을 만드는 데에 사용되는 원료나 미생물은 '천연'이라고 할 수 있으나, 나트륨을 첨가하면서 화학적 합성품으로 분류된 것이다. 회수 공정에서 결정화된 글루탐산은 거의 물에 녹지 않아 맛

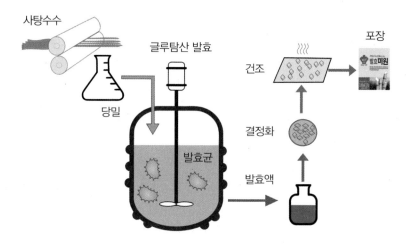

그림 33 MSG 생산 공정. 사탕수수에서 추출한 당밀을 발효균에게 공급하면, 발효균은 그것을 에너지원으로 삼아 글루탐산을 만들어낸다. 발효액의 pH를 조절해 글루탐산을 결정화하여 석출한다. 수산화나트륨 용액을 넣어 글루탐산과 나트륨을 결합시키고 건조해서 포장하면 MSG 제품이 완성된다.

으로 느낄 수 없다. 그래서 그 글루탐산이 물에 잘 녹도록 나트륨을 첨가하여 MSG로 만든 것인데, 고작 그 공정 때문에 지난 50년간 오해와 편견이 너무 많았다.

미생물의 발효로 만들어진 글루탐산을 회수하는 방법에는 여러 가지가 있다. 발효액을 농축한 뒤 전기적 반발력이 없는 등전점으로 조절하여 글루탐산을 석출하는 방법, 농축 후 염산을 넣어 글루탐산염산염으로 만든 다음에 회수하는 방법, 이온교환수지에 글루탐산을 흡착시킨 후 회수하는 방법, 글루탐산을 유기용매로 추출하는 방법, 전기투석법을 이용하는 방법이 있다. 그런데 글루탐산이 상품성을 가지려면 경제성, 수분, 중금속, 색도, 광택 등에 관한 까다로운 요구조건을 모두 충족시켜야 한다. 이 관문을 모두 통과한 것이 글루탐산을 등전점에서 결정화하여 석출하는 방법이다.

발효과정에서 만들어진 글루탐산은, 아미노기와 카르복실기가 각각 하나씩 있는 다른 아미노산과 달리 카르복실기가 하나 더 있다. 그래서 물에 녹은 상태에서는 (-)를 띠고 분자끼리 서로 반발하여 잘 용해된 상태를 유지한다. 그런데 용액에 산(H^+)이 증가할수록 이 카르복실기가 (-) 성질을 잃고, 글루탐산 분자끼리의 반발력이 적어지며 서로 결합하려는 힘이 커진다. 글루탐산의 등전점은 약 pH 3.2이며, 염산이나 황산으로 용액을 pH 2.5~4.1로 맞추면 글루탐산끼리 뭉쳐 결정화가 시작된다(그림 34).

결정화는 액체 상태의 혼합물로부터 순수한 결정 물질을 얻어내는 과정이다. 소금 결정이나 설탕 결정처럼 단일 분자끼리 뭉치려 하므로, 이 과정을 거치면 순도 높은 물질을 얻을 수 있다. 결정화는 보통

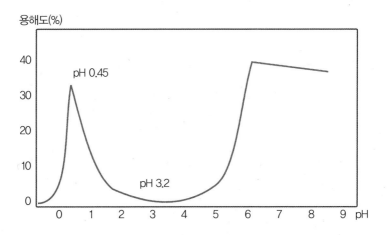

그림 34 글루탐산의 용해도 곡선. 글루탐산이 전기적 중성이 되는 등전점은 pH 3.2다. 용해도가 낮은 pH 2.5~4.1 지점에서 글루탐산이 결정화된다.

결정핵을 만드는 단계와 그 결정핵을 결정으로 성장시키는 단계로 나뉜다. pH를 등전점에 맞춘 용액을 농축하면 점도가 증가하고, 이어서 과포화 상태가 되면 급격하게 다수의 결정핵이 만들어진다. 결정의 크기가 클수록 순도가 높고 분리하기가 쉬워지는데, 결정핵이 너무 많으면 그것을 성장시켜도 매우 미세한 결정만을 얻게 된다. 입자의 직경이 크고 균일한 결정을 얻기 위해서는 핵의 생성과 성장 속도에 영향을 주는 여러 변수를 이해하고 조작해야 한다. 발효액의 원료가 천연물이라 여러 요인이 시시각각 변동하므로, 최적 조건을 맞추는 것은 쉬운 일이 아니다. 등전점에서 결정화되기 시작하는 글루탐산은 높은 온도에서 오래 유지할수록 큰 결정을 형성하여 좋지만, 산업 현장에서는 경제성을 고려하여 48~50시간 정도만 유지한다. 그리고 온도를 섭씨 28~30도까지 낮추어 원심분리기로 글루탐산 결정을 분리한다.

이러한 공정은 경제적으로 순도 높은 글루탐산을 얻을 수 있다는 장점이 있지만, 한번 결정화된 글루탐산이 물에 거의 녹지 않는다는 단점이 있다. 글루탐산 분자끼리 단단히 결합하여 물에 녹지 않으면,

온도(℃)	글루탐산 용해도(%)	글루탐산나트륨 용해도(%)	용해도 증가
0	0.34	39.52	116배
10	0.48	40.78	85배
20	0.72	42.27	59배
30	1.04	44.05	42배
40	1.5	46.08	31배
50	2.18	48.04	22배

표 9 온도에 따른 글루탐산과 글루탐산나트륨의 용해도 차이 비교. 글루탐산나트륨이 단순한 글루탐산 결정에 비해 훨씬 더 물에 잘 녹는다.

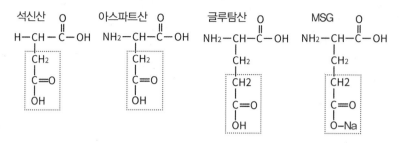

그림 35 글루탐산과 MSG의 분자 구조

우리는 그것을 맛으로 느낄 수 없다. 그래서 글루탐산에 알칼리성 용액을 넣어 pH 6.4~6.5로 중화하는데, 이때 보통 수산화나트륨을 사용하여 글루탐산나트륨 용액이 만들어진다. 이어서 탈색, 여과 후 건조하면 글루탐산나트륨(MSG) 완제품이 된다. MSG는 그저 글루탐산 결정을 물에 녹기 쉬운 형태로 재결정화한 것인데, 나트륨 첨가 반응 하나 때문에 화학조미료라는 악명을 얻게 되었다.

MSG가 그렇게 오랫동안 위험한 물질로 취급받아온 것은 정말 안타까운 일이다. 글루탐산나트륨은 물에 들어가면 글루탐산과 나트륨으로 분해된다. 글루탐산이 아미노산의 꽃이라면, 나트륨은 미네랄의 꽃이라고 할 수 있다. 단지 그 둘이 결합하는 공정 때문에 MSG가 화학적 합성품으로 분류되었고, 그 사실 하나로 그렇게 오랫동안 공격을 받았다. MSG 유해론보다 어처구니 없는 주장도 드물다. 그런 논란이 무려 50년 가까이 지속되었다는 것은, 우리에게 과학적 소통 능력이 얼마나 부족한지를 보여주는 대표적인 사례다. 우리는 가장 기본적이면서 소중한 것에 너무나 무관심했다.

맛에 대한 오해,

화학에 대한 오해 ～～～～　한국인의 발효식품에 대한 애정은 대단하

다. 그런데 왜 발효로 만든 MSG에 대한 오해는 그렇게 오랫동안 지속된 것일까? 이해와 소통의 부재 탓이었다. MSG가 발효로 만들어진다는 사실을 아는 사람은 많지 않았다. 그리고 MSG가 화학적 합성품으로 분류된 것이 논란의 단초를 제공했다. 또한 맛에 대한 기본적인 이해도 부족했다. MSG의 기막힌 맛 상승효과가 도리어 오해를 불러일으켰다.

10년 전만 해도 방송에서는, 바나나 원액 한 방울 없이 바나나 향물질과 색소만 넣은 바나나 우유가 위험하므로 먹지 말라는 주장이 나왔다. 그것이 마치 소비자를 위한 좋은 정보인 양 포장되던 시절이었다. 사과에는 사과 고유의 맛 성분이 있고, 사과 향으로 사과 맛을 내는 것은 위험하고 나쁜 식품이라고 주장하는 사람들이 많았다. 하지만 사과에는 신맛과 단맛만 있을 뿐, 사과의 맛은 0.1퍼센트 이하의 향기 성분에 의한 것이다. 사과뿐 아니라 모든 식품의 수만 가지 다양한 풍미는 전부 향에 의한 것이다.

다양한 맛 물질 중에서는 소금이 가장 강력하다. 아마 소금이 인류 최초의 식품첨가물이자 최후의 첨가물일 것이다(공식적으로는 첨가물이 아니지만). 소금만큼 적은 양으로 요리에 강력한 효과를 주는 것은 없다. 소금이 음식에 들어갔을 때 나는 맛은 짠맛이 아니다. 그것은 '미치도록 맛난 맛'이며, 소금은 음식의 전반적인 풍미를 높여준다. 소금은 쓴맛을 없애주고, 나쁜 냄새를 덜 느끼게 하고, 단맛을 강하게 하고, 향을 더 풍부하게 만들어준다. 그래서 음식에서 소금의 양을 줄이면, 맛의 중심이 없어져서 다른 모든 맛과 향이 시들어버린다. 반대로 짠맛이 부족한 음식에 소금을 넣으면 다른 맛과 향이 확 살아나기도 한다.

소금의 마술은 거의 무한하다. 소금은 나쁜 맛을 감추고 좋은 맛을 더 좋게 하는 능력이 탁월하다. 그러니 소금 섭취량을 줄이기가 쉽지 않다. 우리나라 사람들의 맛 물질 섭취량을 보면, 소금은 지금의 절반으로 낮추어야 할 정도로 섭취량이 많다. 단맛은 아직은 안전하지만 점점 그 섭취량이 위험한 수준으로 올라가는 중이며, 감칠맛은 확실히 안전한 수준으로 먹는다.

MSG가 안전하다는 사실은 자명하다. 우리가 그렇게 많이들 먹는 소금과 굳이 위험성을 비교하자면, MSG는 소금보다 독성도 섭취량도 훨씬 적다(표 10). 어떤 물질의 독성은 동물실험에서 반수치사량 (lethal dose 50; LD_{50})을 파악하여 알 수 있다. 반수치사량이란 실험동물의 집단 중 절반이 죽는 데에 필요한 물질의 투여량을 말한다. 어떤 물질의 반수치사량이 많으면 그 물질은 '웬만큼 많이 먹어도 괜찮다'

식품	LD_{50} (g/kg)	하루 섭취량(g)	소금 대비 상대적		
			독성	섭취량	위험성
소금	3.0	10	1	1	1
MSG	19.9	2	0.15	0.2	0.03
설탕	29.7	50	0.1	5	0.5

표 10 MSG의 위험성 비교. 상대적 위험성은 소금의 위험성을 수치로 따져 1이라고 했을 때, 상대적으로 다른 식품들이 얼마나 위험한지를 표시한 것이다. MSG는 소금에 비해 반수치사량이 훨씬 많으면서도 하루 평균 섭취량은 훨씬 적으므로, 상대적 위험성이 훨씬 낮다. 그리고 MSG를 설탕과 비교해봐도, 반수치사량은 설탕이 더 많지만 하루 평균 섭취량 또한 설탕이 압도적으로 많기 때문에, MSG의 상대적 위험성은 설탕보다도 훨씬 낮다.

는 뜻이며, 즉 그만큼 독성이 낮다는 말이 된다. 쥐를 가지고 실험한 결과, MSG의 반수치사량은 소금보다 약 7배나 많은 것으로 나타났다. 소금은 쥐의 몸무게 1킬로그램당 3.0그램이 반수치사량인 반면, MSG의 반수치사량은 19.9그램이다. 다른 물질의 반수치사량과 비교해봐도, MSG는 비타민B12와 비타민C보다도 독성이 훨씬 낮았다. 섭취량을 따져봐도 우리나라 국민의 하루 평균 MSG 섭취량은 소금의 6분의 1 수준으로 낮다.

본인은 MSG를 먹으면 몸으로 알 수 있다는 사람이 있다. MSG가 중국식당증후군(chinese restaurant syndrome; CRS)과 관련이 있다는 주장이 나온 후 그런 사람들이 나타났다. 1968년 미국의 로버트 호만 곽(Robert Homan Kwok)이라는 의사는 뉴욕에 있는 어느 중국음식점에서 음식을 먹고 난 뒤, 목과 등 그리고 팔이 저리고 마비되는 듯하며 갑자기 심장이 뛰고 노곤해지는 증세를 경험했다. 그는 이 증세의 원인으로 간장, 포도주, 지나치게 많은 소금, MSG를 꼽았다. 이러한 경험담이 기사화되자, 중국식당증후군이 실제로 있다고 믿는 사람이 많아졌다.

정말 그런 식으로 MSG를 느낄 수 있을까? MSG는 음식에 들어가면 글루탐산과 나트륨으로 분해된다. 글루탐산은 맛 물질이니 혀로 느낄 수 있다. 하지만 글루탐산이 다른 단백질 식품에서 나왔는지 MSG에서 나왔는지 그 차이를 구별해내는 기술은 세상 어디에도 없다. MSG를 먹으면 이상증세가 나타난다고 주장하는 사람에게는 이중맹검실험(double blind test)을 하여 그 주장을 검증했다. 이중맹검실험은 어떤 약물의 효과를 객관적으로 평가하는 방법이다. 그 약의 진짜 샘플과 가짜 샘플 두 가지를 만들어 실험할 때, 샘플을 만드는 사람 이외에 그 샘플을 전달하는 사람과 그것을 먹는 사람 둘 다 어느쪽이 진짜인지 모르게 하는(double blind) 실험이다. MSG가 담긴 진짜 캡슐과 포도당이 담긴 가짜 캡슐(placebo, 플라세보)을 가지고 수많은 이중맹검실험을 진행했지만, 실험자 중에서 본인이 MSG를 먹었음을 제대로 인지한 사람은 없었다. 자신에게 중국식당증후군이 있다고 주장하는 사람 중에서도, 무엇이 MSG인지 모르게 하자 그런 반응을 실제로 보이는 사람은 없었다. 결국 중국식당증후군은 실제로 있는 증세가 아니라, 그것이 정말 있다고 믿는 사람에게만 일어나는 플라세보 효과로 밝혀졌다.

중국식당증후군이 실제로 있는 증상은 아니지만, 우리 몸은 사실 식품의 어떤 성분에 대해 얼마든지 과민해질 수 있다. 그렇다면 'MSG 과민증'도 충분히 발생할 수는 있다. 예를 들어 세상에는 실제로 음식 과민증(알레르기) 때문에 고생하는 사람이 많다. 땅콩, 우유, 계란 등 수많은 알레르기 유발 식품이 있고, 가끔 그런 식품에 의한 사망사고가 일어나기도 한다. 하지만 그렇다고 해서 그런 식품을 마치 독극물인 것처럼 폄하하지는 않으며, 그저 과민한 사람에 한해서 그것들을 피하라고 일러줄 뿐이다. 그런데 MSG는 존재하지도 않는 증상으로까지 폄하를 당하기도 했다. 음식에 대한 편견은 한번 만들어지면 쉽게 고치기가 힘든 것 같다.

MSG가 건강에 아무런 문제가 없다는 사실이 밝혀지자, MSG가 나쁜 재료의 흠결을 속이는 수단으로 쓰여서 나쁘다는 주장도 등장했다. 하지만 상한 재료에 MSG를 넣어도 그것의 나쁜 맛은 전혀 감추어지지 않는다. 소금이나 MSG가 조금은 도움이 될지 모르겠지만, 실제 상한 음식물의 맛을 숨기는 데 효과적인 물질은 후각을 자극하는 향신료다. 만약 나쁜 냄새를 줄이는 물질이 나쁜 물질이라면, 냄새가 강한 발효식품인 된장, 고추장, 김치도 나쁜 물질이고, 향신료인 참기름, 마늘, 파, 레몬, 후추, 월계수 잎 등은 아주 나쁜 물질인 셈이다.

아무리 MSG가 안전하다고 해도, MSG보다는 다시마와 멸치로 우려낸 국물이 여러모로 더 좋다는 사람도 있다. 글쎄. 영양 성분을 비교해보면 별로 차이가 없다. 다시마를 우려낸 국물에는 특이하게 다른 아미노산은 거의 없고 글루탐산과 아스파르산만 있다. 다시마는 조금 더 비싼 MSG일 뿐 영양상 차이가 거의 없는 셈이다. 그렇다고 다시마나 가쓰오부시 같은 조미 식품이 MSG보다 더 안전할까? 천만의 말씀이다. 가쓰오부시는 훈제 과정에서 벤조피렌 같은 발암물질도 만들어진다. 적색육은 2군 발암물질에 포함되어 있고, 수산물은 방사능과 중금속, 야채는 잔류 농약 등에서 완전히 자유롭지는 못하다. 다시마는 칼륨이 풍부하여 자연 방사능이 가장 많이 방출되는 식재료다. 그리고 다시마와 멸치는 국물을 내는 데에 쓰인 후 그대로 버려지는 경우가 많다. 다른 동물의 먹이가 될 수 있는 소중한 자산인데, 고작 글루탐산과 이노신산의 일부만 물에 녹여내고 원료의 대부분을 음식물 쓰레기로 버리는 것이다. 설탕을 만들고 남은 당밀을 발효해서 생산한 MSG에 비하면, 다른 조미 식품은 친환경적이지도 못하고 안전성이 높은 것도 아니다.

오래전부터 별 의심 없이 사용된 소금에 비해, 글루탐산은 비교적 최근에 이르러 발견되고 사용되기 시작했다. 만약 사용 순서가 바뀌어 글루탐산보다 소금이 최근에 개발된 것이라면, 소금(염화나트륨)의 안전성 논란은 MSG 안전성 논란보다 100배는 심각했을 것이다. 나트륨은 폭발성 금속이고 염소는 신경가스의 성분이기도 하다. 소금물에 쇠를 넣으면 금방 녹이 슨다. 반수치사량을 따져보면 독성도 훨씬 높으니, 이런저런 요소를 과장하면 소금을 천하에 위험한 물질로 둔갑시키기에 딱 좋다.

만약 사람들이 비타민의 효능이 무엇인지 들은 만큼 글루탐산의 효능을 자주 들었다면, 글루탐산을 조금이라도 더 챙겨 먹으려는 사람들이 넘쳤을 것이다. 글루탐산 역시 필요한 양 이상으로 과도하게 먹으면 효능이 없거나 문제가 있다고 해도 그럴 것이다.

설마하겠지만, 그럴 가능성이 높다. 사람들의 머릿속에 먼저 자리 잡은 편견은 쉽게 바뀌지 않는다. 예를 들어 채소는 건강에 좋다는 기존 인식이 강해서, 아무리 그것이 식중독의 주범이라고 해도 사람들은 별로 두려워하지 않는다. 정제염보다 천일염이 더 건강에 좋다고 믿는 사람은, 천일염이 진흙이나 미세플라스틱에 오염되었다고 해도 그 정도는 먹어도 된다고 한다. 이러한 오해와 편견은, 오래되거나 익숙한 것은 막연히 안전하고 새롭거나 낯선 것은 무조건 위험할 수 있다는 오래된 믿음에서 기인한 것이다. 식품은 그저 다양한 분자의 합일 뿐이고, 의미와 가치는 그것을 이용하고 활용하는 우리의 몸과 마음이 결정한다. 우리는 객관적으로 가치 있는 것을 가치 있다고 판단하는 능력을 키워야 한다.

맛은 존재하는 것이 아니라

발견하는 것이다 ◌◌◌◌◌ 자연에 인간을 위해 만들어진 것은 거의 없다. 우리 몸은 자연의 극히 일부만을 유용하게 쓰고 느끼도록 기능한다. 이런 기능은 오랜 진화의 세월 동안 수많은 시행착오 끝에 만들어졌으며, 그 기능을 유지하는 데에는 많은 비용이 든다. 따라서 인간은 생존에 꼭 필요한 것만 감각한다. 어떤 물질의 독성이나 약성도 그 물질 자체에 있지는 않으며, 우리 몸이 그런 물질에 반응하여 작동하는 시스템을 갖추었기 때문에 그런 성질이 나타난다. 그런 독이나 약의 분자 구조는 호르몬처럼 내 몸의 작동을 조절하는 분자와 활성부위가 유사하다. 그래서 독성이나 약성이 나타날 뿐, 어떤 물질 자체에 특별한 기능은 없다.

맛도 그렇다. 분자에는 맛도 향도 색도 없다. 그저 우리 몸이 수천만 가지 화학물질 중에서 생존에 필요한 극히 일부 분자를 감각하는 수용체를 만들었기 때문에 그것을 느낄 수 있는 것이다. 어떤 물질의 맛을 느끼고 분석할 때, '이게 왜 달고 짠맛이 날까?'라는 질문은 잘못된 질문이다. '우리 몸이 왜 이 물질을 그렇게 느끼도록 진화했을까?'가 올바른 질문이다.

결국 어떤 물질의 신비한 작용은 내 몸 안의 시스템에 의해 나타나지, 그 물질 자체에 신비한 효험이 있는 것이 아니다. 물질은 시스템의 구성 성분이거나 생명현상의 작동 스위치를 누르는 핵심 열쇠가될 뿐이다. 분자에는 크기·형태·움직임이 있을 뿐 아무런 의지나 의미가 없으며, 그것의 효능과 역할은 내 몸 안의 시스템이 결정한다.

◆

길거리 음식에서 빠지지 않는 것 중 하나가 바로 '번데기'다. 그것을 먹을지 말지는 번데기를 보고 느낀 감정이 결정한다. 맛있겠다는 감정이 들면 먹고, 생김새부터 싫다는 감정이 강하게 들면 먹지 않으며, 억지로 먹어도 별로 맛이 없을 것이다. 어떤 음식이 맛있을지 맛없을지를 결정할 때, 오미·오감이 결정하는 부분보다 그 음식에 대한 기억과 이미지를 가진 뇌가 결정하는 부분이 더 많은지도 모른다. 그러니 맛을 이해하기 위해서는 뇌의 작동 원리도 알아야 한다.

제3장

내 머릿속의 글루탐산

"뇌에서 가장 많이 쓰이는 신경전달물질"

이제는 뇌를
이해할 수 있다 ◦◦◦◦

최근 뇌과학이 비약적으로 발전하여, 지난 50년간 우리가 뇌에 대해 알게 된 사실들이 그 이전 500년 동안 알게 된 것보다 많다고 한다. 그리고 뇌과학의 발전 속도는 점점 빨라지고 있다. 오늘날 뇌 영상 기술은, 인간이 보고 듣고 생각하는 동안 뇌에서 어떤 생화학적 현상이 일어나는지를 두개골을 열지 않고도 볼 수 있게 해준다. 뇌가 추측이 아니라 관찰의 대상이 된 것이다. 과거 뇌에 대한 연구는, 궁금하고 매혹적이지만 그 정체가 모호한 마음에 관한 추측에 기반했기에 학문적 발전이 더디었다. 하지만 오늘날 뇌과학은 신경세포라는 물리적 토대에서 일어나는 일을 관찰한 사실들을 바탕으로 연구가 진행되므로, 빠르게 발전하고 더욱더 정밀해지고 있다. 최근 인공지능이 급성장한 이유도, 뇌과학이 밝혀낸 뇌의 신경망을 그대로 흉내 낸 딥 러닝(deep learning)을 사용했기 때문이다.

그리고 뇌과학은 자연과학과 인문학을 결합한 융복합 학문으로 확장되고 있다. 뇌과학자들은 영상 장비로 뇌를 들여다보면서 인간이 어떻게 정치·경제적 선택을 하고, 미학적 평가를 하고, 도덕적 판단을 하는지 연구하고 있다. 뇌의 작동 원리를 이해하여 인간의 행동에 대해 통찰을 얻으려고 노력하는 것이다.* 여기서는 글루탐산과 관련하여 뇌의 가장 기본이 되는 현상인 신경전달이 어떻게 일어나는지 알아보고자 한다.

인간의 뇌는 우주에서 가장 복잡한 기능을 하는 기관이라고 한다. 하지만 뇌에서 일어나는 물질대사는 놀랍도록 단순하고, 일반 세포와 차이가 없다. 뇌의 77퍼센트는 수분이고, 수분을 제외한 고형분의 60퍼센트가 지방이다. 물과 지방이 많아 겉모양은 그저 물컹한 기름 덩어리로 보인다. 특별함이나 스마트함은 어디에도 없다. 뇌에는 860억 개의 신경세포와 그것의 9배쯤 되는 보조세포가 있다. 뇌는 그저 신경세포의 네트워크일 뿐, 다른 특별한 장치는 없다. 특이하게도 뇌는 체중의 2퍼센트밖에 안 되는데, 우리 몸이 사용하는 전체 에너지의 20퍼센트나 사용한다.

뇌에는 우리 몸의 다른 부위에 비해 지방이 많다. 그 이유는 신경세포의 형태에 있다. 신경세포는 수백~수만 개 정도의 주변 신경세포와 연결되기 위해서, 연결 지점인 시냅스가 있는 곳이 뾰족뾰족한 가

---

* 뇌의 작동 원리에 대한 구체적인 설명은 『감각·착각·환각』을 참고.

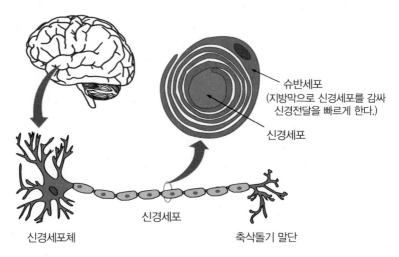

슈반세포
(지방막으로 신경세포를 감싸
신경전달을 빠르게 한다.)

신경세포

신경세포

신경세포체   축삭돌기 말단

그림 36 신경세포(neuron, 뉴런)의 형태. 주변에 다른 신경세포와 연결되는 부위인 신경세포체와 축삭돌기 말단은 수많은 가지 형태로 되어 있어 표면적이 넓다. 수초화 과정에서 신경세포를 감싸는 지방세포를 슈반세포(schwann cell)라고 한다.

지 형태로 되어 있다. 그것을 전부 세포막으로 감싸야 하니 지방이 많을 수밖에 없다. 더구나 신경전달이 효과적으로 일어나기 위한 수초화(myelination) 과정에서 지방이 대량 사용된다. 수초화는 신경세포의 마디마디가 여러 겹의 지방세포로 둘러싸이는 과정을 말한다. 이지방이 전기 신호의 유출을 막고, 신경 자극이 세포의 마디를 건너뛰어 더 빠르게 전달되게 한다.

우리 몸에서 콜레스테롤의 함량이 가장 높은 곳이 바로 뇌다. 세포막에 포화지방이 많으면 견고성은 좋아지나 유동성이 떨어진다. 불포화지방이 많으면 유동성은 좋으나 견고성이 떨어진다. 이 두 가지 지방 사이에 콜레스테롤이 들어가면 유동성이 있으면서 견고성도 충분한 세포막이 만들어진다. 신경세포는 유동성과 견고성이 둘 다 중요하고, 세포막의 면적도 매우 넓으니 콜레스테롤이 많이 필요할 수밖에 없다. 또한 콜레스테롤은 뇌 발달에도 매우 중요하다. 콜레스테롤이 부족하면 자주 기억을 잃게 되고 치매에 걸리기 쉽다. 혈액의 콜레스테롤은 혈뇌장벽을 통과하지 못하기 때문에, 뇌는 자신에게 필요한 콜레스테롤을 스스로 만들어낸다. 이 콜레스테롤의 대부분은 뇌의 신경세포를 돕는 성상교세포가 만들어내는 것으로 알려져 있다.

아프리카의 굶주린 아이들 사진을 보면, 대체로 몸은 말랐지만 머리 크기는 그대로다. 병과 굶주림 때문에 쇠약해져서 사망한 시신들도, 내부 장기는 최대 40퍼센트까지 가벼워지지만 뇌의 무게는 예외적으로 2퍼센트 정도만 감소한다고 한다. 이 현상은, 뇌가 몸의 물질대사 위계질서에서 최상위를 차지하여 자신을 가장 먼저 챙기는 것이라고 해석할 수 있다. 뇌가 물질대사에 필요한 에너지를 통제하여 우선 자신에게 유리하도록 조정하는 것이다.

그렇다면 뇌는 어떻게 에너지를 통제할까? 대표적으로 인슐린을 이용하는 방법이 있다. 혈관에 에너지원(포도당)이 넘쳐서 뇌가 충분히 사용하고 남을 정도가 되면, 뇌는 췌장에 인슐린을 만들도록 명령하여 다른 세포도 포도당을 사용하도록 한다. 하지만 혈중 포도당 농도가 낮을 때는 인슐린 생성을 막아서 다른 세포의 포도당 사용을 저지한다. 포도당 사용 권리를 자신이 거의 독점하는 것이다. 뇌는 포도당을 주 에너지원으로 쓴다. 사람이 하루에 섭취하는 포도당 약 200그램 가운데 무려 65퍼센트를 뇌 혼자서 소비한다.

어찌 보면 우리는 뇌 때문에 당뇨에 걸리기 쉬운지도 모른다. 뇌세포의 포도당 펌프는 인슐린이 없어도 무조건 작동한다. 그래서 혈액에 있는 포도당을 바로바로 가져와서 에너지원으로 사용한다. 하지만 체세포의 포도당 펌프는 인슐린이 있어야만 잠금이 풀려서 작동할 수 있다. 뇌세포에게 항상 충분한 포도당을 제공하기 위해, 체세포의 포도당 펌프는 훨씬 복잡하게 만들어진 것이다. 그래서 인슐린이 제대로 만들어지지 않거나 인슐린의 신호를 받아들이는 체계가 손상되면 당뇨병에 걸린다. 다행히도 뇌는 평소에 포도당을 독점하는 대신 혈액의 글루탐산을 에너지원으로 쓰는 데에는 전혀 관심이 없다. 그것은 체세포의 몫으로 남겨둔다.

뇌에는 신경세포 네트워크와
끊임없는 신경전달만 있다 〰〰〰〰 인간의 뇌 속의 신경세포는 시냅스로 연결되어 있다. 시냅스는 신경 자극의 빈도에 따라 늘어나기도 하고 줄어들기도 한다. 뇌에 특별한 의미를 갖거나 독립적인 의식이 있는 세포는 없다. 단지 신경세포의 무지무지 거대한 연결(네트워크)이 있을 뿐이다. 신경세포들은 각자가 받은 신호를 취합하고 통합해서 글루탐산을 이용해 자신의 상태(흥분)를 주변 세포들에 전파한다. 뇌의 신비한 능력은 그 네트워크 활동이 여러 가지 현상으로 비친 것이다.

뇌는 초당 수백 번의 전기 펄스를 만든다. 전기 펄스를 만들기 위해, 신경세포는 나트륨 채널을 열어 대량의 나트륨 이온을 세포 안으로 받아들인다. 이어서 그다음 펄스를 만들기 위해 그 이온들을 다시 세포 밖으로 퍼낸다. 신경세포는 이 일을 평생 반복해야 한다. 뇌가 쓰

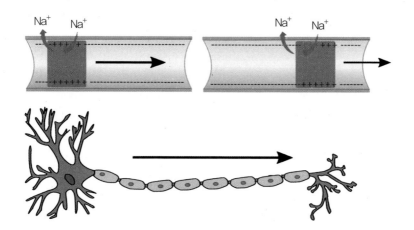

그림 37 신경전달의 과정. 신경세포의 안쪽에는 음전하(−)를 띠는 단백질이 많아, 자극을 받지 않은 상태에서는 음전하를 띤다. 자극을 받으면 나트륨펌프가 열려 밖에 있는 나트륨 이온(Na^+)이 안으로 들어오면서 내부의 전하가 양전하로 뒤바뀐다. 안으로 들어온 나트륨 이온은 확산되면서 주변의 다른 나트륨 통로를 열고, 이 과정이 연속적으로 발생하면서 신경전달이 일어난다.

는 에너지의 절반은 나트륨 이온을 밖으로 퍼내는 데에 쓴다. 신경세포는 이런 식으로 엄청나게 많은 다른 신경세포의 전기적 신호를 받아, 적당한 수준에 이르면 자신과 연결된 세포에게 그 신호를 전달한다. 하나의 신경세포는 엄청나게 많은 다른 신경세포에서 신호를 받아, 수신한 신호의 정도에 따라 신호의 중계 여부를 결정한다. 이것이 신경세포가 하는 일의 전부이며, 경험에 따라 연결 배선만 조금씩 달라진다. 뇌는 약간의 가소성이 있는 하드웨어인 것이다. 생각은 그런 하드웨어의 산물이다.

　신경세포는 나트륨 이온 외에도 염소, 칼륨, 칼슘 이온을 이용해 내부의 전기 신호를 전달하며, 한 신경세포에서 외부의 다른 신경세포로 신호를 전달할 때는 신경전달물질을 이용한다. 신경전달물질은 세

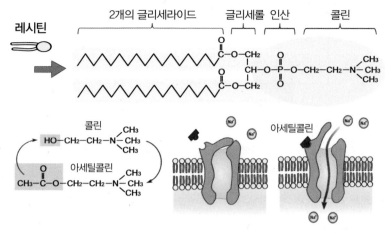

그림 38 레시틴과 아세틸콜린. 그리고 아세틸콜린의 작용 기작

포 내의 소낭(vesicle) 속에 쌓여 있다가 신경 자극이 도착하면 시냅스에 방출된다. 이 물질이 확산되어 상대방 신경세포의 수용체에 결합하면 그 신경세포의 이온 채널이 열려 전기 신호를 만들게 된다. 이후 신경전달물질은 시냅스에서 제거되어야 한다. 만약 시냅스에 계속 존재하면 흥분이 지나치게 오래 지속되기 때문이다. 몸에서 쓰이는 대표적인 신경전달물질은 아세틸콜린이다. 아세틸콜린은 세포막을 구성하는 레시틴(인지질)에서 만들 수 있다(그림 38).

뇌에서는 다양한 신경전달물질이 쓰인다. 아세틸콜린처럼 인접 세포에 국소적으로 빠르게 전달하는 물질도 있고, 세로토닌처럼 천천히 여러 부위에 작용하는 것도 있다. 빠르게 전달하는 물질이 많이 쓰이는데, 흥분을 전달하는 글루탐산과 흥분을 억제하는 가바가 대표적이다. 약간 느리게 작동하는 신경전달물질로 세로토닌과 도파민이 있는데, 둘 다 우리를 기분 좋게 만든다. 장기간 세로토닌이 분비되지 않

작용 속도	신경전달물질
빠름	글루탐산, 아스파트산, 가바, 글리신, 아세틸콜린 등
중간	아드레날린, 도파민, 세로토닌 등
느림	멜라토닌, 엔도르핀, 옥시토신 등

표 11 다양한 신경전달물질의 작용 속도에 따른 분류

으면 여러 가지 정서·행동 장애와 우울증이 생길 수 있다. 도파민은 쾌락, 정열적 움직임, 긍정적인 마음, 성욕과 식욕 등을 관장한다. 극단적으로 말하면, 인간이 '좋다'고 느끼는 모든 것은 이 두 가지 호르몬과 관련이 있다고도 할 수 있을 정도다.

글루탐산이 신경전달의

주연이다 〰〰〰 글루탐산은 신경세포의 소낭 안에 저장되어 있다가 적합한 신호를 받으면 시냅스 틈으로 분비된다. 그것을 상대편 신경세포에 존재하는 글루탐산 수용체가 감지하면, 이온 채널이 열리면서 대량의 양이온(나트륨 이온)이 세포 안으로 쏟아져 들어가 전위차를 만든다. 그리고 그 양이온은 다시 이온펌프를 통해 세포 밖으로 나온다. 그 사이 시냅스에 존재하던 글루탐산은 신경세포를 보조하는 성상교세포에 의해 회수되어 글루타민으로 바뀐 다음 다시 신경세포에 공급된다. 모든 신경전달물질의 작동 원리는 이와 동일하다. 세로토닌이든 가바든 도파민이든 거의 같은 방식이다. 다만 신경전달을 억제하는 물질인 가바의 경우, 양이온이 아니라 음이온인 염소 이온(Cl^-)이 신경세포에 들어가서 전기적 신호를 억제한다. 그것이 가바의

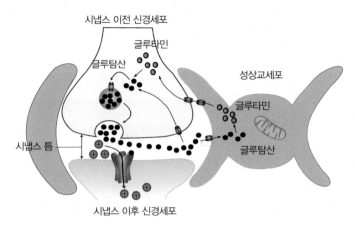

그림 39 시냅스에서 글루탐산의 이동 경로

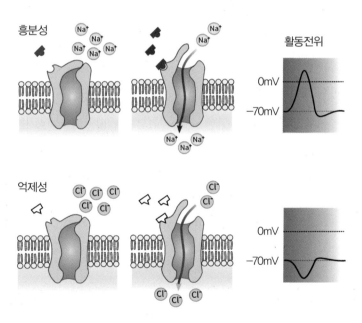

그림 40 흥분성 신경전달과 억제성 신경전달의 기작. 자극을 받지 않은 상태에서 신경세포 세포막의 전위는 약 −70밀리볼트다. 흥분성 신경전달물질에 의해 나트륨 이온 통로가 열리면 안으로 양이온이 들어와 전위가 올라간다. 반대로 억제성 신경전달물질(가바)에 의해 염소 이온 통로가 열리면 안으로 음이온이 들어와 전위가 내려간다.

특별한 점이다.

우리 몸에 글루탐산은 정말 많지만 대부분 단백질 형태이며, 아미노산 형태로 있는 것은 10그램에 불과하다. 그런데 그중에서 2.3그램이 뇌에 있다. 2.3그램이 적은 양처럼 느껴지지만, 글루탐산의 분자량이 147이므로 2.3그램은 글루탐산 분자 9.4×10^{21}개의 무게다. 뇌의 신경세포 860억 개 하나하나에 약 1096억 개의 글루탐산 분자를 제공할 수 있는 양이며, 신경세포에 시냅스가 1000개 있다고 하면 시냅스당 1억 개다. 뇌에서 가장 많이 쓰이는 신경전달물질인 글루탐산은 매우 세분화된 통제 시스템에 의해 합성·전환·재흡수가 일어나며, 뇌의 부위별로 적정 농도가 매우 다르게 유지된다.

어떤 물질이 신경전달물질로 쓰이기 위한 가장 기본적인 조건은 주변에 흔하지 않은 분자여야 한다는 것이다. 만약 주변에 흔하면 원하지 않는 순간에도 나트륨 채널이 아무렇게나 열릴 것이고, 그것은 통제되지 않는 재앙이다. 예를 들어 아세틸콜린은 질소에 3개의 메틸기($-CH_3$)가 붙은 드문 형태의 분자다. 그래서 신경전달물질로 쓰이는 것이 충분히 이해가 된다. 그런데 뇌에서 주로 쓰는 신경전달물질이 글루탐산이라는 점은 언뜻 보면 당혹스럽다. 아미노산 중에 가장 흔

부위	글루탐산 농도 (μmol/L)
혈장	30~100
뇌세포 외액	0.5~2.2
신경물질 저장구	10만
시냅스 틈	2~1000

표 12 뇌의 부위별 글루탐산 농도

한 것이 글루탐산인데, 어떻게 그 흔하고 평범한 물질을 뇌에서 신경 전달물질로 쓸 수 있을까? 그 이유를 자세히 알아가다 보면, 뇌의 창의적인 활용 능력에 혀를 내두를 수밖에 없을 것이다.

혈관에 파란 잉크를 주사하면 온몸에 파란색이 퍼질까? 이런 궁금증을 가지고 이미 100년 전에 실험을 해봤다고 한다. '트리판 블루'라는 염색약을 동물의 혈관에 넣자 예상대로 온몸에 파란색이 퍼졌다. 그런데 몇 군데 예외가 있었다. 뇌와 척수에는 파란색이 퍼지지 않았던 것이다. 왜 그럴까? 사람들은 뇌와 척수에 파란 염색약을 막아주는 조직이 있다고 생각해, 이를 혈뇌장벽(blood brain barrier; BBB)이라고 부르기 시작했다.

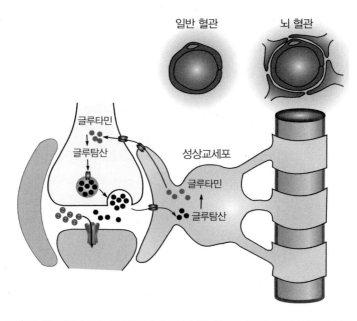

그림 41 혈뇌장벽의 구조. 일반 혈관과 달리 뇌에 있는 혈관은 성상교세포에 둘러싸여 있다.

뇌는 우리 몸에서 산소와 영양분을 가장 많이 소비하는 기관이다. 심장에서 뿜어져나온 혈액 중 20퍼센트는 곧바로 뇌로 올라갈 정도다. 그런데 뇌에 있는 모세혈관의 영양분은 곧바로 신경세포와 접촉할 수 없다. 성상교세포(astrocyte)가 매우 조밀하게 혈관을 둘러싸 혈액이 통과하지 못하게 막기 때문이다. 혈관을 감싼 성상교세포 자체가 혈관과 신경세포 사이 물질의 유입을 통제하는 장벽(BBB)으로 작용하는 것이다. 뇌의 혈관은 왜 그렇게 되어 있을까? 뇌는 그만큼 외부의 조건에 쉽게 영향을 받지 않도록 보호되어야 하기 때문이다. 뇌는 복잡한 네트워크를 이루며 기억·학습·언어·사고와 같은 중요한 기능을 조절하는 중추다. 뇌는 다소 번거롭더라도 보안을 강화하는 것이 유리한 기관인 셈이다.

뇌의 주인공은 신경세포지만, 자신을 감싸고 있는 성상교세포에서 에너지를 공급받지 못하면 사멸한다. 신경세포 주변에 10배나 많은 성상교세포가, 신경세포의 생로병사를 결정하는 사실상 뇌의 진정한 주인공인 것이다. 평범한 물질인 글루탐산을 신경전달물질로 사용할 수 있는 이유도, 이 성상교세포가 혈뇌장벽의 역할을 하면서 신경세포를 철저하게 보호하기 때문이다. 성상교세포는 혈액의 글루탐산과 무관하게, 글루타민이나 다른 아미노산으로부터 아미노기를 취해자체적으로 꼭 필요한 만큼만 글루탐산을 만들어 신경세포에 전달한다. 만약에 이런 기작이 없다면 음식의 섭취에 따라 뇌의 활동이 판이하게 달라질 텐데 어떻게 신경전달물질로 쓸 수 있겠는가? 한 연구에 따르면, 뇌에서 신경전달물질로 쓰이는 글루탐산과 아스파트산의 농도는 검출이 잘 안 될 정도로 낮고 글루타민의 농도가 매우 높다고

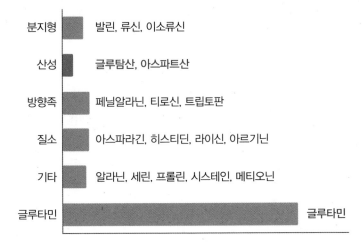

그림 42 뇌의 세포 외액(extracellular fluid; ECF)에서 아미노산 농도. 산성 아미노산인 글루탐산과 아스파트산은 세포막 투과성이 낮아 그 농도가 매우 낮다. 반면 글루타민의 농도는 매우 높다.(출처: Hawkins RA et al., 2006)

한다.*

　뇌가 글루탐산을 신경전달물질로 쓰는 것은 정말 창의적인 신의 한 수다. 글루탐산은 가장 흔한 아미노산이다. 갓난아기가 먹는 모유에 서부터 우리가 먹는 여러 단백질 식품에도 글루탐산이 풍부하게 들어 있다. 인간이라면 그렇게 평범한 아미노산을 가지고 가장 독립적이어 야 하는 신경전달물질로 사용할 생각을 하지 못했을 것이다. 그런데

＊ 우리 몸에서 글루탐산과 관련된 장벽은 세 가지가 있다. 소화·흡수할 때 글루탐산을 차단하는 내 장장벽(소장의 상피세포), 뇌 속으로의 글루탐산 유입을 막는 혈뇌장벽(성상교세포), 그리고 또 하나 는 바로 임산부에게 있는 태반장벽(placental barrier)이다. 동물실험에서 임신한 원숭이의 정맥에 글 루탐산을 대량 주입했을 때 어미 원숭이의 혈액에 있는 글루탐산은 10~20배 증가했지만, 태아에게 공급되는 글루탐산의 양은 변하지 않았다. 어미의 글루탐산이 태반을 통해 태아로 이동하지 않는 것 이다. 이처럼 글루탐산은 필요에 따라 쉽게 차단하고 또 마음대로 만들 수 있다.

우리 뇌가 정상적으로 작동하려면 글루탐산을 비롯한 다양한 신경전달물질이 100분의 1초 간격으로 평생 분출과 재흡수를 반복해야 한다. 우리 몸에서 글루탐산만큼 자유자재로 전환해서 쓸 수 있는 물질은 없으며, 글루탐산은 신경전달에 필요한 가바와 같은 신경전달물질이나 기타 아미노산 및 질소 함유 물질로 쉽게 전환된다. 그래서 뇌는 과감하게 차단 시스템을 활용하여 글루탐산을 핵심적인 신경전달물질로 쓰는 것이다.

마약은 혈뇌장벽을 쉽게 뚫고

들어온다 〰〰〰 성상교세포의 보안·통제 시스템에는 양면성이 있다. 철저한 보호가 좋지만, 그렇게 되면 뇌에 병이 생겨서 약물로 치료해야 할 경우에도 그 약이 통과하기 어렵다는 단점이 있다. 뇌 치료제를 개발한다면, 효능과 부작용뿐 아니라 혈뇌장벽 투과성까지 검토해야 하는 것이다. 혈뇌장벽을 뚫고 뇌 속까지 약물을 전달하는 방법은 오랫동안 과학자들의 숙제였다. 뇌에 작용하려면 상대적으로 작은 분자량, 적절한 지질 친화력, 중성 혹은 염기성, 전하를 띠지 않는 성질, 낮은 수소결합 능력 등의 조건을 갖추어야 하는데, 이 모든 조건을 충족시키는 약을 찾기란 쉬운 일이 아니다. 지금까지 개발된 저분자 약물 중에선 오직 2퍼센트, 단백질 의약품의 0.1퍼센트 이하만이 뇌에 필요한 만큼 전달되는 것으로 추정하고 있다.

그런데 소위 '마약' 성분이라 할 수 있는 알코올, 니코틴, 모르핀, 코카인 등 향정신성 물질들은 혈뇌장벽을 뚫고 쉽게 뇌 속으로 들어간다. 우리가 마약에 대해 흔히 하는 오해가 있다. 마약을 하면 도파민이나 세로토닌이 많아져서 기분이 좋아지기 때문에, 마치 이 마약 자체가 쾌락과 중독성을 만들어내는 것처럼 착각하는 것이다. 하지만 마약의 중독성도 우리 몸에서 신경전달물질이 작동하는 시스템에 의해 만들어진다. 여기서는 신경전달물질이 어떻게 기능해서 중독을 일으키는지를 잠시 살펴보고자 한다.

뇌의 또 다른 주요 신경전달물질인 도파민은 뇌의 전두엽에 작용해 쾌감을 준다. 사랑에 빠진 사람의 뇌를 MRI로 촬영하면 주로 대뇌측좌핵(nucleus accumbens)과 배쪽 피개부(ventral tegmental area; VTA)가 활성화되는데, 여기에서 도파민이 분출된다. 도파민이 주는 쾌감은 어떤 목표를 향해 나아가게 하는 동기를 제공하여, 번식과 생존에 필요한 일들을 학습(경험)하도록 유도한다. 문제는 이 도파민 때문에 우리가 각종 약물에 중독된다는 점이다. 술의 알코올도 담배의 니코틴도 도파민의 분비를 도와 쾌감과 중독을 일으킨다. 도파민은 단백질을 구성하는 20가지 아미노산 가운데 하나인 티로신에서 단

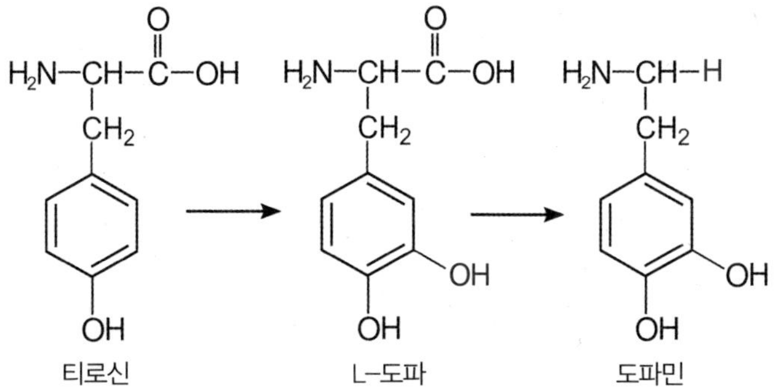

그림 43 도파민의 합성 경로

두 단계만 거치면 아주 간단히 만들어진다. 그리고 도파민이 하는 일 역시 아주 간단하다. 도파민 수용체와 결합해 나트륨 채널을 열어 전기적 신호를 만드는 것이다. 그것으로 끝이다.

코카나무에서 추출한 물질인 코카인은 중독성이 있어서 마약으로 관리된다. 그런데 그것이 하는 일은 어처구니없을 만큼 단순하다. 그저 도파민의 재흡수를 막는 것이다. 도파민은 다른 신경전달물질이 그렇듯 분출된 후 재흡수되어야 한다. 그런데 코카인은 그것이 재흡수되는 통로를 막는다. 그러면 시냅스에 많은 도파민이 계속 남아 있어 강한 쾌감을 느끼게 된다. 다른 마약도 기본 원리는 이와 같다. 도파민 등 쾌감에 관련된 물질의 분비를 촉진하거나 재흡수를 억제해서 시냅스에 그 물질이 넘치게 한다. 이렇게 과하게 작용하면 모두 마약이 되는 것이다.

양귀비는 영어로 'opium poppy'라고 하며 이 오피엄(opium)을 한자로 표기한 단어가 아편(阿片)이다. 모르핀은 양귀비 즙에서 아편을 추출해 농도를 높인 것이다. 모르핀은 오래전부터 마약으로 사용되었는데, 그것의 작동 원리는 근래에 밝혀졌다. 1973년에 뇌에서 모르핀이 결합할 수 있는 한 수용체가 발견되고, 1975년에는 원래부터 뇌 안에서 만들어져 그 수용체에 결합하는 물질을 찾아낸 것이다. 그 물질은 '뇌 안에서 만들어지는 모르핀(내인성 모르핀, endogenous morphine)'이라는 뜻으로 엔도르핀(endorphine)이라고 부른다. 엔도르핀은 모르핀보다 100~800배나 강력하다. 그런데 우리는 그런 물질이 뇌 안에 있는지도 몰랐다. 아주 고통스러운 상황에서나 매우 조금 만들어져서 고통을 달래주기 때문이다. 엔도르핀이 가장 많이 나

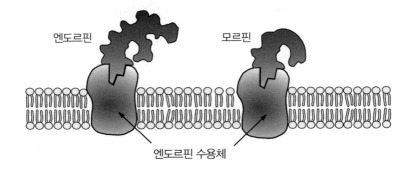

엔도르핀   모르핀

엔도르핀 수용체

그림 44 엔도르핀과 모르핀의 작용

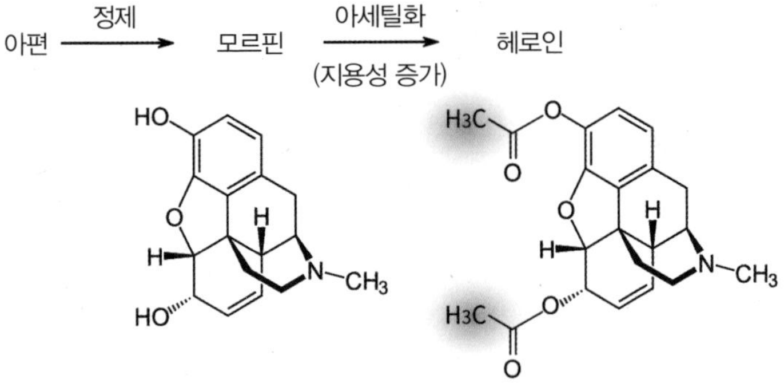

아편 $\xrightarrow{\text{정제}}$ 모르핀 $\xrightarrow[\text{(지용성 증가)}]{\text{아세틸화}}$ 헤로인

그림 45 모르핀과 헤로인의 분자 구조. 아편을 모르핀으로 정제하자 심각한 마약이 되었고, 모르핀을 아세틸화하여 헤로인을 만들자 더욱 심각한 마약이 되었다.

올 때가 출산 시와 죽는 순간이라고 한다.

아편은 옛날부터 약으로 사용했다. 그런데 그것을 정제해 고농도의 모르핀으로 만들자 많은 문제가 발생했다. 마약 중독자가 많이 생겨난 것이다. 모르핀의 지용성을 높이면 세포막을 통과하는 성질이 높아져서 더 빠르게 침투하기도 한다. 중독성이 아주 강한 마약인 헤로인은 모르핀의 친수기(-OH)를 아세틸화(-CH3)하여 모르핀보다 훨씬 더 지질(세포막) 친화적으로 만든 것으로, 그 침투력이 100배 이상 높아져서 강력한 마약이 되었다. 농도와 용해도의 차이가 약물의 위력을 바꾼 것이다.

글루탐산이

흥분독소라고요? ◇◇◇◇

글루탐산이 흥분독소라서 위험하다는 주장이 있다. MSG, 아스파탐, 아스파트산 등의 물질이 뇌의 뉴런을 자극해 죽음에까지 이를 수 있다는 주장이다. 이런 엉터리 주장은 오래전부터 있었다. 대표적으로 미국 의사 러셀 L. 블레이록(Russell L. Blaylock)이 1994년에 쓴 『죽음을 부르는 맛의 유혹: 우리의 뇌를 공격하는 흥분독소(Excitotoxins: The Taste That Kills)』라는 책에 그러한 주장이 나온다. 이 책은 엉터리 MSG 유해론으로 사회적인 물의를 일으킨 〈먹거리 X파일〉이란 프로그램에서도 소개되었는데, 그 방송 이후 2013년 국내에 번역, 출간되기도 했다. 그런데 역설적으로, MSG가 흥분독소가 아니라는 사실을 이 책만큼 명쾌하게 설명해주는 것도 드물다. 얼마나 놀라운 일인가? MSG가 절대 흥분독소가 될 수 없다는 증거를 모아놓고서 도리어 MSG를 비판하는 책을 쓰고, 국내 의사가 그런 책을 번역했으니 말이다. 스스로 신경외과 전문의라고 자칭하는 카이로프랙터(약이나 수술 대신 지압 등으로 치료하는 사람) 중에는 MSG 흥분독소론을 주장하는 사람이 아직도 있다. 오늘날 파편화된 세부 지식은 늘었지만 통합적으로 의미를 이해하는 능력을 잃어버린 대표적인 사례다.*

블레이록이 쓴 그 책의 내용을 따라가보면, 글루탐산과 신경세포가
어떻게 작동하는지 잘 알 수 있다.

> 글루탐산 수용체에는 세 가지 형태, 즉 NMDA, 퀴스퀼레이트, 카이네이
> 트 수용체가 있다. 그중 가장 흔한 유형은 NMDA 수용체이다. 대부분의
> 포유동물은 전뇌에 분포하는 시냅스의 50퍼센트가량이 글루탐산을 신
> 경전달물질로 사용한다. 이것들이 뇌 속에서 매우 중요한 흥분성 역할
> 을 한다. 즉 뇌를 활성화하고 활동할 수 있게끔 준비시킨다.─91쪽

> 해마에는 NMDA형 글루탐산 수용체가 집중적으로 분포한 세포들이 있
> 는데, W. F. 마라고스(W. F. Maragos)와 동료들은 글루탐산 수용체가
> 있는 뉴런은 주로 해마와 두정엽의 연합피질에 많이 분포하고 있음을
> 발견했다.
> … 기억에서 글루탐산이 무척 중요하다는 사실은 실험동물에게
> NMDA형 글루탐산 수용체를 차단하는 약을 투여한 실험으로 입증되었
> 다. 이 약은 실험동물로 하여금 최근 기억뿐만 아니라 지남력까지 잃게
> 만들었는데, 이는 알츠하이머병을 앓는 사람에게서 나타나는 증상과 비
> 슷하다.─226쪽

* 파편화된 지식을 갖춘 것만으로는 과학을 이해했다고 할 수 없다. 예를 들어 적혈구를 한 개 꺼내
서 증류수를 한 방울 떨어뜨리면, 적혈구는 삼투압으로 물을 흡수하여 팽창하다가 결국 펑 터져 죽
는다. 이 지식만을 가지고 증류수를 '매우 위험한 물질'이라고 주장할 수 있을까? 글루탐산이 '흥분독
소'라는 주장도 이와 다르지 않다.

글루탐산은 신경전달의 50퍼센트를 차지할 정도로 뇌에서 가장 중요한 신경전달물질로, 기억의 형성에도 필수적이라는 기초 지식을 잘 설명한다.

… [뇌의] 글루탐산은 어디에서 오는 것일까? 그 대부분은 성상세포(뉴런을 둘러싸고 있는 신경교세포)가 만든다.—131쪽

뇌는 정상적인 상태에서 글루탐산을 혈중 농도의 1000배가량 농축한다. 글루탐산 탈수소 효소는 과도한 글루탐산을 성상세포로 이동시켜 이 수치를 항상 일정하게 유지하는 역할을 한다. 글루탐산은 성상세포에서 글루타민으로 변환된다.—194쪽

뇌에서 사용되는 글루탐산은 성상교세포에서 만들어지고 또한 그 양이 많으면 성상교세포에서 제거된다고 밝힌다. 글루탐산을 신경전달물질로 쓸 수 있는 이유다.

그러나 이렇게 해서 알게 된 사실을 적용할 때는 반드시 전체 시스템이 몸 안에서 어떻게 작동하는지 먼저 이해해야 한다. 예를 들어 뉴런이 성상세포(신경교세포) 없이 글루탐산에 노출될 때는 그 뉴런이 몇백 배는 더 민감한 상태라는 점을 감안해야 한다. 따라서 이런 경우, 배양한 뉴런만으로 글루탐산에 대한 민감도를 밝혀내는 연구는 옳지 못한 답을 제시할 뿐이다.—97쪽

뇌의 신경세포는 성상교세포의 도움 없이는 작동하지 않는다. 따라서 성상세포 없이 신경세포에 직접 글루탐산을 투입하는 실험은 의미가 없다. 저자 또한 그 사실을 잘 알고 있다.

한 가지 유념해야 할 것은 글루탐산의 독성 효과를 입증하는 대부분의 연구는 매우 고용량의 글루탐산을 사용했다는 점이다. 적은 용량을 사용함으로써 약한 독성 효과가 차츰 누적되어 병으로 발현하기까지 연구자들이 수년을 기다릴 수는 없기 때문이다.-235쪽

1950년대에 MSG를 개의 대뇌피질에 주사하자 경련 발작이 발생했다는 보고가 있었다. 이 초기 발견 이후로 다른 연구자들은 흥분독소가 많은 동물에게 경련 발작을 일으킨다는 것을 확인했다. … 그러나 고용량이라 할지라도 경구로 섭취한 MSG에 의한 경련 발작은 아직 관찰되지 않았다.-296쪽

여태까지 나는 흥분독소, 특히 글루탐산과 아스파르트산이 뇌졸중 혹은 산소가 결핍된 상태에서 뇌세포의 손상을 입히는 데 결정적 역할을 한다는 점을 증명하기 위해 노력해왔다. 하지만 흥분독소가 쌓이는 것은 뇌 내부에서 분비된 결과이지 음식과 함께 섭취했기 때문은 아니다.
-315쪽

뇌에 직접 MSG를 투입하거나 따로 배양한 신경세포에 직접 글루탐산을 가할 때 말고는 신경세포의 손상이 관찰된 적이 없다고 저자

는 설명한다. 그 손상도 일상적인 수준을 완전히 뛰어넘는 고용량을 투입할 때만 나타났다. 그리고 음식으로 섭취한 글루탐산으로 뇌세포가 손상될 수 있음을 증명하려고 그렇게 노력했지만 실패했다고 인정했다.

배양한 신경세포를 고용량의 MSG에 노출시킨 후 15~30분이 지나면 세포는 풍선처럼 부풀어오른다[급성 반응]. 현미경으로 보면 세포 소기관(organelles)이라 일컫는 세포 내의 미세 조직이 파괴되고, 세포핵의 크로마틴이 응고되는 모습도 확인할 수 있다. 이 뉴런들은 3시간 안에 죽을 뿐만 아니라 죽은 세포의 잔여물은 체내의 방어 메커니즘에 의해 깨끗이 치워진다. …

그러나 저용량의 MSG로 실험한 과학자들은 아주 이상한 현상을 발견했다. 대부분의 뉴런이 MSG에 노출된 지 30분 후에도 별다른 변화 없이 멀쩡히 살아 있다가 MSG를 제거하고 2시간이 다 되어갈 무렵 갑자기 죽기 시작했다. … 그러나 초기 2시간 동안 그 세포들은 모두 완벽하게 건강한 상태였다[지연 반응].

급성 반응은 세포 내로 나트륨 이온이 급격히 유입되면서 일어나는 손상 과정과 매우 흡사했다. 이 나트륨 이온의 빠른 움직임은 말 그대로 물을 빨아들이는 것과 같아 세포가 부풀어 죽는 것이다. 이 가설을 실험하기 위해 과학자들은 뉴런을 배양한 다음, 배지에서 나트륨 이온을 모조리 없앤 채 MSG를 첨가해보았다. 하지만 아무리 높은 MSG를 투여해도 세포는 2시간 동안 죽지 않았다. …

그러나 여전히 나트륨 이온을 제거하는 것으로는 지연 반응에 아무런 영향을 끼칠 수 없었다. 2시간 후에 뉴런은 여전히 죽었기 때문이다. … 연구를 거듭하며 이번에는 배지에서 칼슘을 제거해보았다. 그리고 숨을 죽이며 결과를 기다렸더니, 이번에는 MSG에 노출된 지 2시간이 경과한 후에도 모든 뉴런이 멀쩡히 살아 있었다. 24시간이 흐른 뒤에도 마찬가지였다. 바로 칼슘이 진범이었던 것이다.–79~82쪽

암, 관절염, 각종 염증, 손상, 뇌졸중, 심정지, 신장질환, 노화까지 인간의 복잡한 질병 발생 한가운데에 칼슘 채널이 있다. 심지어 몇몇 독극물까지 칼슘 채널을 이용해 효과를 내는 것으로 밝혀졌다.–89쪽

그리고 저자는 뇌세포 손상의 진범은 글루탐산이 아니라 칼슘이라고 밝혔다. 글루탐산은 단지 이온 통로를 여는 신호 물질일 뿐, 칼슘 채널을 통해 칼슘이 과도하게 들어가야 신경세포가 손상된다고 밝힌 것이다. 이것은 중요한 사실이다. 포유류의 세포 안에 있는 칼슘 이온의 농도는 0.0002밀리몰 이하인 반면, 세포 밖은 1.8밀리몰로 약 9000배 이상 차이가 난다. 전기 신호를 전달하는 과정에서 나트륨이 들어온 이후 이 농도 차이 때문에 칼슘이 쏟아져 들어오는데, 신호 전달이 끝난 후 칼슘펌프를 통해 재빨리 세포 밖으로 퍼내야 한다. 그러지 않으면 카스파제(caspase) 같은 내부 분해효소가 과도하게 활성화되어 세포가 치명적인 손상을 입게 된다. 칼슘은 생명에게 정말 필요한 미네랄이지만 동시에 가장 치명적인 미네랄이기도 한 것이다. 그런데 사람들은 칼슘의 기능은 찬양하면서, 칼슘과 비교할 수 없을 만큼 안전한 글루탐산을 걱정한다.

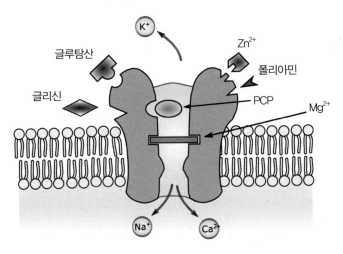

그림 46 NMDA 수용체의 구조

블레이록은 그 책에서 글루탐산 수용체 중 가장 복잡한 형태를
가진 NMDA 수용체의 특성을 잘 설명한다. NMDA수용체는 6개
나 되는 물질과 결합할 수 있다. 수용체 바깥쪽에 4개(폴리아민, 글루
탐산, 아연(Zn^{2+}), 글리신), 채널 안쪽에 2개(마그네슘(Mg^{2+}), 펜시클리딘
(phencyclidine; PCP))의 결합 부위가 있다. 그리고 NMDA 수용체는
직접 이온을 통과시킬 수 있는 이온 채널을 가지고 있다. 그런데 이
채널은 글루탐산만으로는 열 수 없다. 채널을 열려면 수용체에 글리
신도 결합해야 한다. 주로 억제성 신경전달물질로 작용하는 글리신이
왜 같이 있어야 하는지, 그 이유는 아직 밝혀지지 않았다. 마그네슘은
평소 채널 안쪽에 붙어서 칼슘의 유입을 막는다. 이 마그네슘이 결합
부위에서 떨어져나가야 채널이 열린다. 아연은 NMDA 수용체의 활동
을 억제하며 폴리아민은 활동을 촉진한다. 이처럼 글루탐산 수용체는

글루탐산뿐 아니라 다양한 물질이 얽혀서 고도로 복잡하게 작동하므로, 단순히 '글루탐산이 흥분독소로 작용한다'는 식으로 결론을 내리면 곤란하다.

글루탐산을 '흥분'독소라고 하는데, 글루탐산이 없으면 가장 중요한 억제성 신경전달물질인 가바를 만들 수 없다. 신경전달은 글루탐산에 의한 흥분과 가바에 의한 억제로 균형 있게 조절된다. 가바와 결합하는 수용체는 중추신경계의 여러 수용체 중에서 약 20퍼센트를 차지한다.

한번 어떤 생각에 꽂히면 아무리 벗어나려고 해도 자꾸 그 생각을 되풀이해서 곱씹게 된다. 그게 부정적인 생각이라면 마음이 병들기도 한다. 가바는 이런 원치 않는 생각을 억제한다. 가바에 의한 억제가 없이 흥분성 신호가 끝없이 전달되면, 걷잡을 수 없는 재앙이 찾아온다. 실제로 이런 일이 가끔 뇌에서 일어나는데, 이를 발작이라고 한다. 뇌가 정상적으로 작동하려면 적절한 억제도 꼭 필요한 것이다.

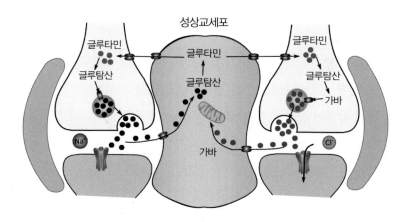

그림 47 신경세포에서 글루탐산, 가바, 글루타민의 작용

신경전달물질은 뇌 전체 시스템의 약속에 따라 작용할 뿐, 그 자체에는 아무 기능도 없다. 글루탐산이 흥분성 신경전달물질로 쓰이는 것도, 가바가 억제성 신경전달물질로 쓰이는 것도 마찬가지다. 글루탐산이 흥분독소라는 주장은 글루탐산 분자 자체에 흥분을 일으키는 기능이 있다는 착각에서 비롯된 것이다. 이러한 착각은, 마치 히터의 스위치를 켜면 뜨거워지는 현상을 보고 그 스위치가 뜨거움을 만드는 장치인 양 착각하는 것과 같다.

글루탐산이 흥분독소라는 주장과 비슷하게, 세로토닌의 95퍼센트는 장에서 만들어지므로 장이 건강하지 못하면 세로토닌이 부족해서 우울해진다는 주장도 있다. 바보 같은 소리다. 뇌는 독립적인 기관이고, 뇌가 쓰는 신경전달물질은 전부 뇌가 알아서 만든다. 뇌에 세로토닌이 많으면 행복을 느끼겠지만, 장에 세로토닌이 많으면 행복이 아니라 설사를 유발한다. 장에서 세로토닌은 행복 호르몬이 아니고 장운동 호르몬이다. 한 실험에서는 선충에게 유해한 음식을 제공하면 세로토닌이 과도하게 분출되는 것으로 나타났다. 세로토닌은 역겨움과 관련된 호르몬이며, 유해한 음식을 제거하기 위해 세로토닌이 분출된 것이다. 그런데 뇌는 혈뇌장벽으로 통제되어 독립적으로 작동하므로 원래 역겨움의 호르몬인 세로토닌을 행복 호르몬으로 쓸 수 있다. 글루탐산이 흥분성 신경전달물질이니 MSG를 먹으면 흥분독성이 나타날 수 있다는 주장은, 세로토닌이 행복 호르몬이니 그것이 장에 많으면 행복해질 수 있다는 주장과 같다. 하지만 세로토닌이 많아봤자 설사를 일으킬 가능성만 높아진다.

결국 글루탐산이든 세로토닌이든 특정 물질의 의미를 이해하고자 한다면, 그 물질이 그 자체로 어떤 기능을 한다는 생각은 빨리 버리는 것이 좋다. 우리가 주목해야 할 것은 전체적인 시스템이다. 시스템을 보지 않으면 같은 오해가 반복해서 생겨난다. 예를 들면, 가끔 '후각 수용체가 피부에서 발견되었다'는 기사를 보곤 하는데, 사람들은 이를 '우리가 피부로도 냄새를 맡는다'고 오해한다. 우리는 후각 수용체가 모두 코에 있을 것으로 생각하지만, 우리 몸에는 생각보다 다양한 부위에 후각 수용체가 있다. 심지어 코에는 없고 다른 곳에 있는 후각 수용체도 있다. 후각 수용체는 처음부터 코를 위해 만들어지지 않았으며 온몸에서 화학물질을 감각하기 위해 만들어졌다. 단지 그 수용체가 지금은 주로 코에 있고, 코에 있는 수용체는 냄새를 맡는 역할을 하므로 '후각 수용체'라고 불리는 것이다.

글루탐산 수용체도 마찬가지다. 글루탐산 수용체는 입에 존재하여 감칠맛을 감각하지만 뇌에도 있고, 오히려 입보다 뇌에 비교할 수 없이 많다. 그런데 아무도 뇌로 감칠맛을 맛본다고는 말하지 않는다. 게다가 글루탐산 수용체는 위에도 있고 장에도 있다. 전부 같은 수용체지만, 장소에 따라, 어떤 시스템에 속하는가에 따라 그 역할이 완전히 달라지는 것이다. 수용체는 특정한 형태의 분자나 자극을 감각하여 신호를 전달하는 역할을 할 뿐, 자신이 후각을 담당하는지 피부감각을 담당하는지 통증을 담당하는지 쾌감을 담당하는지 전혀 모른다. 후각 수용체가 코 말고 다른 곳에서 발견되었다고 해서 그곳에서도 냄새를 맡을 수 있을 것이라는 상상은 빨리 버릴수록 좋다.

지금까지 글루탐산의 여러 기능을 알아보았다. 하지만 이런 모든 기능의 의미와 가치를 합쳐도, 결국 글루탐산이 단백질을 구성하는 20가지 아미노산 가운데 하나라는 의미보다는 작을 것 같다. 단백질은 모든 생명현상을 주도하는 핵심 엔진이다. 제2부에서는 단백질을 비롯해 글루탐산과 연관된 생명현상 전반을 살펴보면서, 글루탐산의 의미를 더 넓은 관점에서 생각해보고자 한다.

숨 막히는 질소고정의 역사

단백질 이야기를 시작하기 전에, 아미노산의 필수 원자인 질소와 질소고정에 관하여 좀 더 짚어보기로 하자. 모든 생명체는 단백질이 필요하고, 단백질을 만들기 위해서는 반드시 질소가 있어야 한다. 생명체가 이용할 수 있는 질소는 질소고정을 통해 얻을 수 있다. 어찌 보면 광합성 다음으로 중요한 생화학 반응이 질소고정인데, 우리는 그 중요성을 너무 간과하고 있다.

아미노산의 필수 원소,

질소 〰〰〰 아미노산을 만들려면 반드시 질소가 있어야 한다. 아미노산의 하나인 알라닌의 합성 과정을 살펴보자. 포도당에서 피루브산을 만드는 것은 모든 생명에서 일어나는 가장 기본적인 반응인데, 이 피루브산에 정말 간단하게 아미노기($-NH_3$)만 붙이면 알라닌이 된다. 탄수화물(포도당)과 지방은 탄소(C), 수소(H), 산소(O) 이 세 가지 원자로 되어 있는데, 단백질(아미노산)은 거기에 질소(N)만 추가하면 된

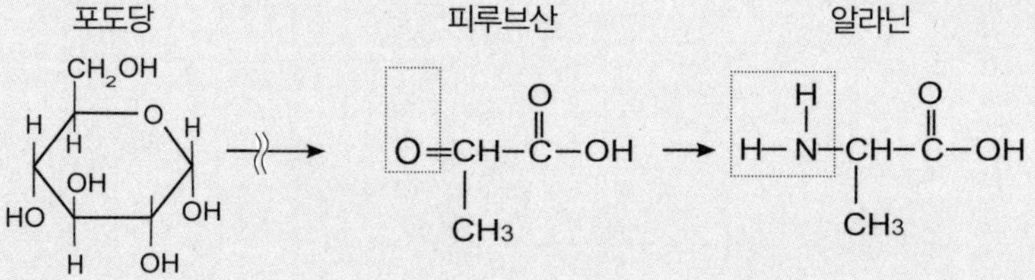

그림 48 포도당에서 알라닌이 만들어지는 과정. 세포호흡 과정에서 포도당이 피루브산으로 분해되며, 여기에 아미노기가 붙으면 알라닌이 된다.

다. 여기에 황(S)까지 추가된 아미노산이 2개가 있으므로, 우리 몸속 아미노산을 구성하는 원자들의 평균 중량비는 탄소 51~55퍼센트, 수소 7퍼센트, 산소 20~23퍼센트, 질소 15~19퍼센트, 황 0.3~2퍼센트다. 모든 아미노산에는 1개 이상의 질소가 있다. 그런데 아미노산에서 질소를 제외한 탄소·수소·산소는 포도당에서 쉽게 얻을 수 있는 반면, 질소는 따로 구해야 한다.

사실 질소는 주변에 정말 흔하다. 냄새도 없고 독성도 없어서 잘 인식하지 못하지만, 공기의 78퍼센트가 질소 기체다. 문제는 그 질소(N_2)가 대부분의 생물에게 아무 쓸모도 없다는 것이다. 공기 중의 질소 기체를 암모니아(NH_3) 같은 질소화합물로 바꿔야 쓸모가 생기는데, 이러한 변환을 질소고정이라 한다. 암모니아는 냄새가 고약하고 독성도 있다. 재래식 화장실에서 나는 강한 부패취나 삭힌 홍어의 냄새가 암모니아 냄새다. 그래서 암모니아에 대한 인식이 좋지 않다. 그런데 만약 식물에게 적당한 양의 암모니아가 공급되지 않으면, 아미노산이 만들어지지 않고 단백질도 만들어지지 않는다. 그렇게 식물이 사라지면, 식물을 먹으며 사는 동물도 지상에서 사라지게 될 것이다.

136

식물은 정말 고고하고 독립적인 존재다. 햇빛, 이산화탄소, 물만 있으면 자신에 필요한 것은 거의 다 만든다. 그런 식물에게 가장 절박한 영양분이 질소다. 식물은 질소 말고도 칼륨, 칼슘, 마그네슘, 인산, 황, 철분, 망간 등의 미네랄을 필요로 하지만, 이들을 모두 합해도 질소 필요량의 절반에 미치지 못한다. 식물은 스스로 질소고정을 하지 않고, 질소를 고정하는 일부 세균에 의존한다. 탄수화물과 지방을 만들기 위해 필요한 이산화탄소와 물은 흔하지만 질소는 항상 부족하기 때문에, 식물은 생존에 필요한 양을 제외하고는 단백질을 별로 만들지 않는다. 그런데 콩과 식물은 예외적으로 많은 단백질을 만든다. 뿌리에 공생하는 뿌리혹균 덕분에 질소를 충분히 공급받기 때문이다.

뿌리혹균은 콩과 식물에게서 포도당을 공급받는 대신에, 공기 중의 질소 기체를 고정하여 콩과 식물뿐 아니라 주변의 다른 농작물에게도 질소를 공급한다. 옛 농부들도 이런 사실을 짐작하고 있었기에 콩과 식물을 다른 작물과 번갈아 경작하여 작물의 생산성을 높였다. 뿌리혹균의 존재는 몰랐지만, 콩을 키우면 지력이 높아진다는 사실을 오랜 경험을 통해 알았던 것이다. 세상에는 1000만 종이 넘는 생물이 있지만, 질소를 고정할 수 있는 생물은 뿌리혹균과 시아노균 등 일부 조류뿐이다. 그들에 의해서 고정된 질소가 모든 동식물의 몸에 있는 단백질과 질소화합물의 원천이 되는 것이다.

식물은 왜 질소를 직접 고정하지 않을까? 세상의 수많은 생물 중에서 질소를 고정하는 생명체는 왜 그렇게 드물까? 공기 중의 질소 분자($N \equiv N$)는 질소 원자 사이의 결합이 삼중결합으로 너무나 강력해서 풀기가 쉽지 않기 때문이다. 그 강력한 결합을 분해하려면 특별한 장치와 많은 에너지가 필요하다. 단순히 열로 그 결합을 깨려면 섭씨 1000도 이상의 열이 필요하다. 자연에서 그 정도의 에너지를 가진 것은 번개 정도다. 번개의 일본어인 '이나즈마(稲妻)'는 '벼(稲)의 아내(妻)'라는 뜻인데, 일본에는 번개가 풍년을 들게 한다는 믿음이 있었다고 한다. 실제로 번개는 질소 기체의 결합을 깨서 질소비료를 대지에 공급한다. 물론 지구상 모든 식물에게는 턱도 없이 모자라는 양이지만 말이다.

아주 일부 생명만이 특별한 환경에서 특별한 효소를 이용해 질소를 고정할 수 있다. 그 특별한 효소를 질소고정효소(nitrogenase)라고 한다. 그런데 왜 식물에게는 이 질소고정효소가 없을까? 세균의 유전자는 5000개 정도고, 식물의 유전자는 이보다 6배는 많은 3만~10만 개 정도다. 그렇다면 그중에서 질소고정효소를 만들어내는 유전자를 하나 가지는 것쯤은 정말 아무 일도 아닐 것이다. 식물은 지구에 등장한 후 수억 년에 이르는 진화의 시간을 거쳤고, 현재는 종류가 30만 종이 넘는다. 그런데 그중에서 질소를 스스로 합성하는 능력을 가진 것은 왜 하나도 나타나지 않았을까?

질소를 고정하기 위해서는 먼저 효소의 작용기에 질소 분자가 결합해야 한다. 그리고 질소 원자(N) 1개당 3개의 수소 원자(H)가 붙어 암모니아(NH_3)가 된다. 암모니아가 완성되면 효소와 분리되고, 그 효소는 다시 새로운 질소와 결합하여 질소고정을 반복한다. 질소고정효소는 질소 1분자에서 암모니아 2분자를 생산하는 데에 16개의 물 분자와 16개의 ATP를 소비한다. 정말 많은 양의 ATP가 소비되는 것이다. 하지만 에너지가 많이 필요하다는 것이 세상에 질소고정을 하는 생물

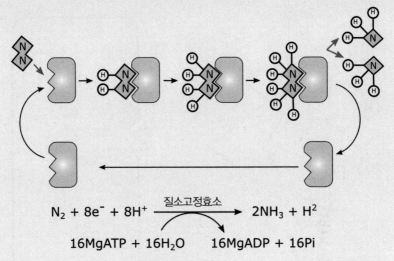

$$N_2 + 8e^- + 8H^+ \xrightarrow{\text{질소고정효소}} 2NH_3 + H^2$$

$$16MgATP + 16H_2O \qquad 16MgADP + 16Pi$$

그림 49 질소고정 과정에서 물질과 에너지 균형. 1개의 질소 분자에서 2개의 암모니아가 생성되며, 이때 16개의 마그네슘–ATP 복합체(MgATP)가 가수분해된다.

이 드문 결정적인 요인은 아니다.

질소고정효소는 중심에 철과 몰리브덴 또는 바나듐을 포함한 매우 복잡한 미네랄 복합체를 가지고 있다. 문제는 이 미네랄 복합체에 질소보다 산소가 훨씬 더 쉽고 강력하게 결합한다는 것이다. 특히 철은 산소와 잘 결합하기 때문에, 이 효소에서 질소가 들어갈 자리를 산소가 차지하면 잘 떨어지지 않는다. 효소가 본래 목적으로 작동할 기회가 없어져버리는 것이다. 그러니 질소고정을 하려면 반드시 주변의 산소를 제거해야 한다. 콩과 식물은 해결사로 레그헤모글로빈(leghemoglobin)을 사용하기도 한다. 레그헤모글로빈은 뿌리에서 자주 발견되는 단백질로, 미오글로빈과 유사한 분자다. 산소와의 결합력이 인간의 헤모글로빈보다 10배 정도 높다고 한다. 그래서 질소고

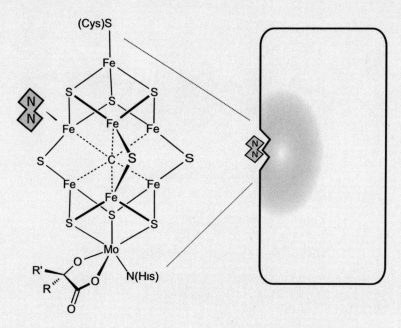

그림 50 질소고정효소의 핵심 구조. S: 황, Fe: 철, Mo: 몰리브덴.(출처: 위키피디아)

정효소가 잘 작동하도록 산소를 제거해준다. 이 레그헤모글로빈은 임파서블 버거처럼 식물성 재료만으로 고기 맛을 내는 식품을 만드는 데에도 쓰인다. 고기의 헤모글로빈에 포함된 철분이 산화제로 작용하여 고기 특유의 향을 만드는데, 식물성 식품에서는 레그헤모글로빈이 그 역할을 대신한다. 질소고정에는 많은 양의 ATP가 소비되는데, 고효율로 ATP를 만들기 위해서는 산소가 필요하다. 이런 상반된 요구를 하나의 세포에서 동시에 충족시키기가 힘들기 때문에 질소고정을 할 수 있는 생명체가 그렇게 드문 것이다.

질소고정이 가능한 생물체는 플랑크톤이나 지의류와 공생하는 남세균류, 알팔파나 클로버 또는 콩과 식물의 뿌리에 공생하는 뿌리혹균이다. 이들이 지구에서 질소화합물의 생산을 독점해왔다. 식물은 포도당을 생산해서 질소고정균에게 주고, 대신에 질소고정균이 어렵게 고정한 질소를 받는다. 한편 식물이라는 숙주 없이 질소를 고정하는 세균도 있다. 이를 '독립 질소고정균'이라고 하는데, 시아노균 (cyanobacteria)이 대표적이다. 이 시아노균은 워낙 대단한 균이기 때문에 제7장에서 더 자세히 이야기하려고 한다.

비료(질소) 찾아

삼만리 ◇◇◇◇◇ 쌀농사는 많은 기술과 정성을 요구한다. 벼의 관리와 비료의 관리 그리고 물 관리에 많은 노력이 든다. 모든 역사를 통틀어 쌀농사를 짓는 농부만큼 열심히 일하는 농부는 없었다. 쌀농사는 같은 면적의 옥수수나 밀밭에서 일하는 것보다 10~20배나 노동 집약적이다. 그리고 쌀농사에서 무엇보다 중요한 것은 자율성과 사회적 협조다. 벼는 관리에 워낙 손이 많이 가서, 농부가 자율적으로 열심히 노력하지 않으면 생산성에서 큰 차이가 났다. 그리고 물이 별로 필요 없는 밀농사와 달리 쌀농사에는 물이 중요한데, 논에 댈 물을 얻기 위해서는 이웃과 협력해야 했다. 논에 물을 대면 토양이 비옥해지고 잡초가 현저히 줄어들고 쟁기질도 쉬워진다. 하지만 물을 충분히 확보하기란 여간 어려운 일이 아니었다. 미리미리 공동으로 관개시설을 만들고, 가뭄이 닥치면 서로 합의해서 물을 나누어 써야 살아남을 수 있었다. 그런데 유럽의 농노는 귀족적인 지주 밑에서 낮은 임금을 받으며 일하는 노예와 비슷했고, 자기 삶의 결정권이 거의 없었다. 유럽의 봉건제도는 쌀농사와 어울리지 않는 제도였다.

'문전옥답(門前沃畓)'은 사전적으로 집 가까이에 있는 비옥한 논을 의미하는 말이다. 농자천하지대본(農者天下之大本)이라 하여 농업이 천하의 근본이었던 시절, 마을에서 먼 곳에 위치한 논보다는 '문전(門前)', 즉 가까이 있는 논이 몇 배나 더 가치가 있었다. 물을 관리하고 거름(비료)을 공급하기 쉽고, 병충해도 틈나는 대로 관찰하여 즉시 방제할 수 있었기 때문이다. '옥답(沃畓)'은 작물이 잘 자랄 수 있는 기름진 땅을 말한다. 기름지다는 것은 질소와 미네랄이 많다는 뜻이다. 그런데 아무리 기름진 땅이어도 농사를 계속 지으면 땅의 영양분이 고갈된다. 땅을 비옥하게 하기 위해서 거름을 사용하는 일은 로마시대에도 있었다.

> 로마는 일찍이 농학이 발달해서, 인간을 포함한 다양한 동물의 배설물, 퇴비, 혈액, 재 등에다 땅을 비옥하게 하는 힘에 따라 순서를 매겼다. 비둘기의 배설물은 작물 재배에 가장 좋았고, 소의 배설물은 말의 배설물보다 거름으로서 훨씬 우수했다. 갓 배설한 인간의 소변은 어린 작물에, 오래된 소변은 과일나무에 최고의 거름이었다.
> －『공기의 연금술(The Alchemy of Air)』, 19쪽

농부들은 땅의 생산성(지력)을 유지하기 위해 온갖 방법을 동원했다. 거름 이외의 수단으로는 돌려짓기와 휴경이 있다. 휴경은 지력이 회복할 때까지 농사를 짓지 않는 것이고, 돌려짓기는 콩이나 클로버처럼 뿌리혹균과 공생하는 작물을 다른 작물과 번갈아 재배하는 것

이다. 이런저런 방법으로 근대화 이전 가장 수확량을 많이 올린 나라는 중국이었다. 1800년대 중국에서는 농장 1에이커(약 4046제곱미터)당 10인분의 식량을 생산할 수 있었는데, 당시 유럽의 생산량보다 5~10배나 많은 양이다. 중국에서는 온갖 퇴비를 사용하고, 논밭에 수로와 연못을 함께 지어 쌀, 뽕나무, 사탕수수, 과일 그리고 잉어나 오리 등을 함께 키웠다. 같은 땅에 다양한 작물을 심었으며, 더운 지역에서는 삼모작까지 가능했다. 벼과 곡식 가운데 칼로리 생산성이 높은 편인 쌀을 재배해 풍부한 에너지를 얻었고, 논에 물고기와 오리를 함께 키워 단백질도 보충할 수 있었다. 심지어 논에는 질소를 고정해주는 녹조류까지 있었다.

모든 농부는 수확량을 더 늘리고 싶어했고, 더 좋은 비료를 더 많이 갖고 싶어했다. 그런데 비료는 폭약과도 깊은 관계가 있다. 1000년 이전에 중국에서는 바위벽에 하얗게 생기는 결정성 가루를 모아 화약을 만들어 쓰기 시작했으며, 중세에는 이 화약을 만드는 기술이 중동을 걸쳐 유럽까지 전달되었다. 초석이라고 알려진 그 결정성 가루는 바로 질산칼륨으로, 물에 녹으면 질소와 칼륨이라는 강력한 비료가 된다. 17세기 중반, 질산칼륨이 인도 갠지스강 개펄에서 대량 발견되어 영국 동인도회사가 이를 영국으로 실어 날랐다. 이 발견은 훗날 영국이 인도를 침략하게 된 주요 동기 중의 하나가 되었다. 질산염은 1879년 남미 태평양전쟁의 원인이 되기도 했는데, 질산염이 널린 아타카마사막 앞바다의 제해권을 두고 칠레와 페루가 격돌한 것이다. 결국 칠레가 전쟁에서 승리했고, 1900년까지 칠레는 전 세계 비료 생산의 3분의 2를 담당했다. 그래서 이 질산염은 칠레초석이라고도 불렸다. 게다가 칠레는 북부 안토파가스타와 타라파카 지역에서 질산염 광물이 발견되어, 1880년부터 1930년까지 '하얀 금의 시대'라는 호황을 누렸다.

19세기에 서구에서는 질소비료 찾기가 큰 이슈였다. 19세기 초 탐험가 알렉산더 폰 훔볼트(Alexander von Humboldt)는 일찍이 잉카제국을 번영하게 했던 비료인 구아노를 발견했다. 잉카의 부족은 바닷가 섬에 있는 구아노를 1000년 동안 가져다 썼는데, 유럽인은 그것을 19세기 이후에야 발견한 것이다. 훔볼트가 페루산 구아노 한 덩어리를 처음 유럽에 가져갔을 때는 아무도 그 가치를 몰랐다. 1813년에야 그 성분이 분석되었고, 1838년에야 비료와 화약으로서 구아노의 가치가 알려졌다. 구아노는 바닷새의 똥이 퇴적되어 만들어진 암석으로, 질소 이외에도 인산이 풍부한 것이 특징이다. 질소 11~16퍼센트, 인산 8~12퍼센트, 칼륨 2~3퍼센트가 포함되어 있다. 구아노는 역사상 가장 탁월한 천연비료였다. 페루의 태평양 연안에 위치한 친차(chincha) 군도에는 그런 구아노가 산처럼 쌓여 있었다. 친차 군도 주변에는 어자원이 풍부하여 펠리컨 등 바닷새들이 대규모로 서식했고, 그 새들의 배설물이 수백 미터 높이로 쌓이게 되었다. 그것을 1840년대부터 수많은 증기선이 유럽으로 실어 날랐다. 페루는 구아노를 팔아 엄청난 수익을 올렸다. 1850년대 당시 친차 군도는 단위면적으로는 세계에서 가장 가치가 높은 땅이었고, 구아노는 세계 최고의 비료였다. 당시 미국의 한 전문가는, 구아노는 헛간에서 전통적으로 만들던 비료보다 35배나 효과가 강하다고 했다. 구아노를 잘 사용하면 아무리 척박한 땅도 즉시 옥토로 변신했다. 미국과 유럽 열강들은 비료와 폭탄의 원료인 질산염을 확보하기 위해 치열하게 경쟁했고, 구아노를 고갈될 때까지 파냈다.

19세기 후반 유럽인들은 점점 초조해졌다. 인구 증가가 멈추지 않아 세계적으로 식량이 부족해질 거라는 위기감에 휩싸였던 것이다. 당시 세계 인구는 16억 명으로, 오늘날 인구의 4분의 1밖에 안 되었는데도 그랬다. 특히 영국, 독일, 러시아 등의 강대국들은 한랭한 기후와 산성화된 토양 때문에 고민이 많았다. 그래서 당시 과학자들이 해결해야 할 최우선 과제는, 인구 증가에 걸맞게 식량을 증산할 수 있도록 대량으로 비료를 생산하는 일이었다. 인구는 급증하는데 구아노는 고갈되고, 도시가 커지고 사람들이 농촌을 떠나 도시로 이동하면서 인분의 회수율도 점점 떨어졌다. 과제를 해결할 유일한 방법은 질소 화합물을 직접 만드는 것이었다.

20세기 초, 독일의 두 과학자 하버와 보슈의 노력 덕분에 인간도 마침내 질소를 고정하는 능력을 갖추게 되었다. 1905년 독일 화학자 프리츠 하버(Fritz Haber)는 암모니아를 인공적으로 합성할 수 있다는 사실을 밝혀냈다. 하지만 질소는 워낙 안정적인 분자라 합성 반응을 효과적으로 일으키려면 적절한 촉매를 찾아야 했다. 촉매 문제를 해결한 과학자가 바로 카를 보슈(Carl Bosch)다. 그는 무려 2500여 종의 고체 촉매를 사용해 1만 번 이상 실험을 거듭한 끝에 성능이 뛰어난 철 화합물 촉매를 발견했다. 그런데 이 촉매를 사용해도 암모니아를 합성하려면 섭씨 500도의 고온과 200기압이라는 고압을 견디는 설비가 필요했다. 독일의 글로벌 화학회사인 바스프(BASF)는 상업화 연구에 박차를 가했다. 1910년 5월에 시험 공장을 완성했고, 연말에는 하루에 18킬로그램의 암모니아를 생산하는 능력을 갖추게 되었다. 그리고 설비에 엄청나게 투자하여 암모니아 생산량은 급격히 늘었다. 이후 하버는 '공기에서 빵을 만든 과학자'라는 칭송을 얻으며 1918년 노벨화학상을 수상했고, 보슈도 1931년에 공학자로서 처음으로 노벨화학상을 수상했다. 지금은 해마다 전 세계에서 무려 1억 2000만 톤의 질소비료가 생산된다.

질소의 변신

또는 순환 ⸱⸱⸱⸱⸱ 공기 중의 질소 분자는 질소화합물로 고정되어 생물에게 이용되기도 하고, 질소화합물이 분해되어 다시 질소 분자로 되돌아가기도 한다. 이것을 질소순환(nitrogen cycle)이라고 하는데, 모든 단계에서 미생물이 작용한다. 식물이 활용하는 질소는 미생물이 질소 기체를 고정하여 얻기도 하지만, 미생물이 단백질(유기질소)을 분해해서도 얻을 수 있다. 생물은 암모니아를 질산으로 바꿔주기도 하며, 대부분의 채소에는 그 질산화 반응으로 만들어진 아질산(NO_2)이 들어 있다. 시금치와 상추에는 1킬로그램당 무려 2500밀리그램 정도가 들어 있고, 샐러리에도 2300밀리그램, 비트에는 1200밀리그램이 들어 있다. 채소에는 아질산과 더불어 다양한 질산염이 있으며, 미국인이 섭취하는 질산염의 80퍼센트는 채소에서 온다는 통계도 있다. 질산염은 대체로 잎과 줄기 조직에 가장 많이 축적된다. 채소에 질산염이 많은 이유는, 토양에 있는 질소고정균에 의해 질소가 질산염의 형태로 바뀌어 식물에게 흡수되기 때문이다. 한편 미생물에 의

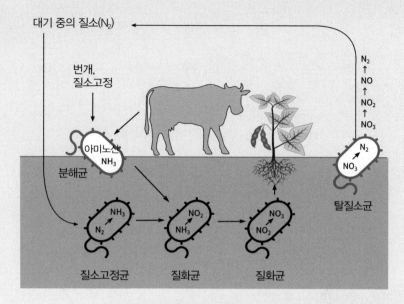

번개,
질소고정

대기 중의 질소(N₂)

N₂
↑
NO
↑
NO₂
↑
NO₃

아미노산
NH₃

분해균

N₂
NO₃

탈질소균

NH₃
N₂

NO₂
NH₃

NO₃
NO₂

질소고정균

질화균

질화균

그림 51 질소 순환

한 탈질소화도 수시로 일어난다. 탈질소화란 암모니아나 질산염이 다시 대기 중의 질소로 되돌아가는 것이다(NO₃→NO₂→NO→N₂).

아질산은 생명의 전 지구적 거대 순환계 중의 하나인 질소순환계의 핵심적인 중간물질이다. 거의 3000년 전부터 사용되었는데, 아질산 대한 걱정은 아직도 많다. 아질산은 햄이나 소시지 등 가공육에 붉은 색을 돌게 하는 식품첨가물인데, 사람들은 이것을 발색제라고 하면서 음식을 먹을 때 가장 조심해야 하는 합성색소라고 한다. 그런데 사실 아질산은 워낙 단순한 분자라 색을 내주는 기능이 없다. 단지 헤모글로빈의 산화에 의한 갈변을 억제하는 능력이 있을 뿐이다.

포피린 분자의 중심에 철이 있으면 헤모글로빈이 되는데, 헤모글로빈은 철과 결합한 분자에 따라 색이 달라진다. 산소와 결합하면 적색

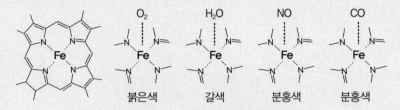

| 붉은색 | 갈색 | 분홍색 | 분홍색 |

그림 52 철과 결합한 물질에 따른 헤모글로빈의 색깔 변화

이고, 산화질소와 결합하면 분홍색, 물과 결합하면 갈색이 된다. 문제는 갈색이다. 붉은색 고기를 가열하면, 철과 산소의 결합이 쉽게 풀어져 그 자리를 물이 차지하고 색이 갈변된다. 갈변된 고기를 선호하는 사람은 별로 없다. 고기의 갈변을 방지할 방법을 찾던 중 발견된 것이 바로 아질산이다. 유럽에서는 햄이나 소시지를 만들 때 짠맛을 내기 위해 암염을 사용했는데, 암염은 고기의 색을 붉게 유지시켰으며 보존성도 높여주었다. 그 암염에 미량의 아질산이 포함되어 있었기 때문이다. 식육 제품에 아질산을 사용하기 시작한 때는 기원전 9세기경으로, 호메로스의 서사시에 최초로 아질산을 사용한 기록이 있으며 고대 로마시대에도 사용한 기록이 있다.

헤모글로빈의 철에는 질소보다 산소가 더 강하게 결합하며, 산소보다 일산화탄소(CO), 시안(CN), 산화질소(NO)가 더 강력하게 결합한다. 헤모글로빈에 아질산을 첨가하면 산화질소로 분해되고, 산화질소가 철과 강력하게 결합하여 고기의 선홍빛을 안정적으로 유지한다. 아질산을 발색제라고 하는데 실제 작용하는 물질은 산화질소이며, 하는 일은 색을 만드는 것이 아니라 헤모글로빈의 산화에 의한 갈변을 막는 것이다. 문제의 핵심은 산화에 의한 갈변이므로, 비타민C와 같은 항산화제를 써도 일정 부분 효과가 있다. 아질산은 발색제라기보다는 '헤모글로빈 산화 억제제'라고 해야 정확하다. 아질산은 식물의 강력한 영양분이고 그 양이 많지 않으면 두려워할 대상이 아닌데, 그것이 들어간 햄, 소시지 등에 대한 비난은 대단했다. 이제는 그런 오해가 조금은 풀렸으면 좋겠다.

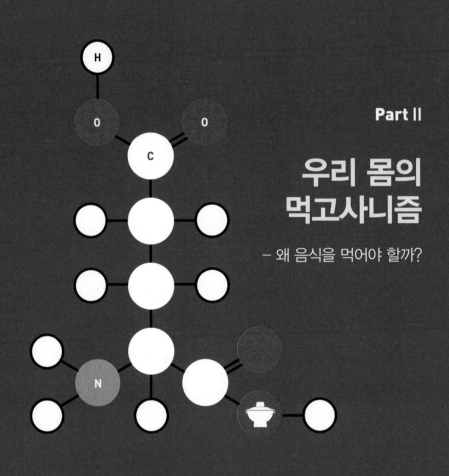

Part II

우리 몸의
먹고사니즘
– 왜 음식을 먹어야 할까?

제4장

끝없이 에너지를 만드는 과정

**먹어야 하는 이유의 절반 이상은
ATP를 얻기 위해서** ◇◇◇◇◇ 　지금은 음식과 맛이 넘치는 시대다. 사람들은 배가 고프지 않아도 맛있는 음식을 찾아 먹는다. 적당히 배고픔을 해결한 정도에서 먹기를 멈추지 않고, 더 이상 위가 늘어나기 힘들 때까지 먹기도 한다. 음식을 너무 많이 먹어서 비만 등 온갖 질병에 시달리면서, 또 뭔가 몸에 좋은 것을 챙겨 먹어 그 문제를 해결하려고 한다. 우리는 왜 음식을 먹어야 하는지, 음식이 우리 몸에 들어가 어떤 작용을 하는지를 알기보다는, 그냥 무작정 무엇이 좋고 무엇이 나쁜지만을 따지려 한다. 그러니 음식에 관한 온갖 헛소문에 마구 휘둘리는 것이다.

'우리는 왜 먹어야 할까?' 나름 거창한 질문 같지만, 나트륨펌프 하나만 제대로 이해해도 먹는 목적의 20퍼센트 이상을 정확하게 이해했다고 할 수 있다. 기본적으로 우리가 음식을 먹는 이유는 우리 몸이

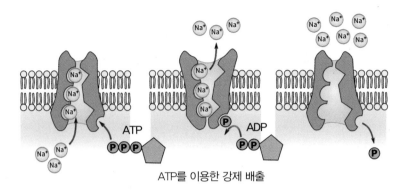

ATP를 이용한 강제 배출

그림 53 신경세포에서 나트륨펌프의 역할. 에너지(ATP)를 사용하여 안에 있는 나트륨 이온을 강제로 밖으로 퍼낸다.

일을 할 에너지를 주기 위함이다. 뇌의 신경세포가 하는 일은 다른 세포가 주는 전기 신호를 받아들이고 적절히 판단하여 다음 전기 신호를 출력하는 것이다. 말로는 거창하지만, 실제 하는 일의 본질은 그저 나트륨펌프를 엄청나게 작동시키는 것이다. 신경세포가 나트륨 채널을 열면 농도 차에 의해 세포 밖의 나트륨 이온이 안으로 쏟아져 들어온다. 다음 신호를 만들기 위해서는 그렇게 들어온 나트륨 이온을 농도 차에 역행하여 강제로 다시 밖으로 퍼내야 한다. 우리 몸에서 사용하는 전체 ATP의 10퍼센트가 이 일에 소비된다. 그리고 몸의 나머지 부분에 있는 나트륨펌프가 추가로 12퍼센트를 사용한다. 그러니 나트륨 펌프 하나만 제대로 이해해도 먹는 목적의 5분의 1은 이해한 셈이다.

나트륨펌프의 작동에 사용되는 ATP의 양은 우리가 근육을 사용할 때 쓰는 에너지의 2배에 이르고, 단백질을 합성하는 데에 쓰는 에너지보다는 약간 더 많다. 탄수화물과 지방의 합성에는 별로 에너지

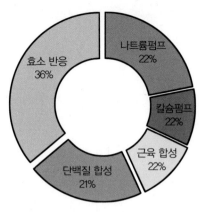

그림 54 우리 몸에서 ATP를 사용하는 비율

를 쓰지 않으니, 우리 몸에 필요한 3대 영양소를 합성하는 데에 필요
한 에너지의 양은 나트륨펌프를 작동하는 데에 쓰이는 에너지와 같은
셈이다. 그리고 ATP는 칼슘펌프를 작동하는 데에도 10퍼센트나 사
용된다. 나트륨펌프와 칼슘펌프도 단백질로 이루어진 작은 기관이고,
근육도 단백질이고, 단백질 합성도 단백질이 하고, 효소도 단백질이
니, 우리 몸에 있는 ATP는 전부 단백질이 사용하는 셈이다.

　식품의 첫 번째 역할이 몸의 에너지(ATP)를 만들 연료(포도당)를 공
급하는 것이고, 두 번째 역할은 세포막(지방)이나 나트륨펌프(단백질)
와 같은 부품을 만들 분자를 제공하는 것이다. 식물이라면 포도당만
있으면 뭐든 만들 수 있지만, 우리 몸은 직접 합성하지 못하는 필수지
방산이나 필수아미노산, 비타민과 미네랄을 식품으로 공급받아야 한
다. 자동차를 운행하려면 주기적으로 휘발유를 넣어주고 부품을 교체
해야 하듯이, 우리는 우리 몸을 운행하기 위해 주기적으로 연료와 부
품을 공급해야 하는 것이다.

우리 몸은 주로 탄수화물을 분해해 에너지를 얻는다. 그래서 탄수화물의 부족은 단기적으로 의기소침, 활력 저하, 정신기능의 지체, 수면 부족, 불쾌감, 신경과민을 불러일으킨다. 장기적으로는 골격이 약화되고, 관절과 결합조직이 영구적인 손상을 입기도 한다.

탄수화물을 분해해서 에너지를 얻는 방법으로는, 완전연소인 호흡과 불완전연소인 발효가 있다. 발효의 주인공은 미생물이다. 정확히 말하면 미생물 속에 있는 효소다. 미생물은 효소를 이용해 전분을 분해하여 당분을 만들고, 당분으로부터 젖산이나 초산, 알코올을 만든다. 세상에는 수많은 발효식품이 있지만, 실제로 여기서 만들어지는 주된 물질은 효소로 생산한 젖산, 초산, 알코올로 생각보다 매우 단순하다. 단지 들어간 재료나 미생물의 발효 환경에 따라 만들어지는 향기 물질이 달라서, 각 발효식품마다 어마어마하게 다양한 물질이 많이 만들어진다고 착각하기 쉬울 뿐이다. 향기 물질은 정말 미량만 만들어지지만, 알코올에 비해 냄새 강도가 최소 1만 배 이상 강하기 때문에 더욱 착각하기 쉽다. 발효식품을 생산할 때, 미생물에서 효소를 따로 추출해 사용하지 않고 미생물 자체를 활용하는 이유는 그것이 훨씬 쉽기 때문이다. 물론 미생물을 다루는 일도 아주 쉽지는 않지만 말이다.

미생물 중에는 주변에 산소가 많으면 산소를 이용해 발효 대신 유산소 호흡을 하는 것도 많다. 호흡은 포도당을 물과 이산화탄소로 완전히 분해하여 많은 에너지(32ATP)를 생산하므로, 미생물에게는 유리하지만 인간에게 남는 것은 없다. 산소가 없어야 알코올이나 젖산 등 인간에게 유용한 물질을 왕성히 생산한다. 산소를 이용하지 않는

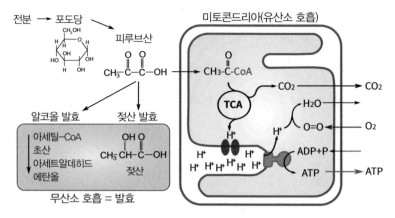

전분 → 포도당

피루브산

알코올 발효   젖산 발효

아세틸-CoA
초산
아세트알데히드
에탄올

무산소 호흡 = 발효

미토콘드리아(유산소 호흡)

$CH_3-C-CoA$

TCA

CO_2 → CO_2

H_2O

$O=O$ ← O_2

$ADP+P$

ATP → ATP

그림 55 발효와 호흡의 차이

무산소 호흡(발효)에서는 2ATP만 나온다. 때문에 미생물은 충분한 ATP를 얻기 위해 계속 포도당을 피루브산으로 분해하며, 피루브산은 불안정하므로 안정적인 에탄올이나 젖산으로 바꾼다.

효모는 오래전부터 술이나 빵을 만들 때 사용되어 우리와 친근한 미생물이다. 우리는 효모가 너무 작아서 세균과 비슷하다고 생각하지만, 세균은 원핵생물이고 효모는 인간과 같은 진핵생물(진핵세포)이다. 진핵세포는 세균보다 평균 1만 배나 크고, 다세포를 이루어 거대한 고래나 공룡이 되기도 한다. 진핵생물과 세균은 그 크기의 차이만큼 생존 방식도 완전히 다르다. 진핵생물이 겪는 가장 큰 문제는 바로 에너지 생산이다. 진핵세포는 부피가 어마어마하게 증가하는 데에 비해 표면적의 증가는 그것의 10분의 1에 불과하다. 그래서 세균과는 전혀 다른 강력한 에너지 생산 시스템이 필요하다.

진핵세포 안에 있는 미토콘드리아라는 소기관이 그 시스템을 운영한다. 미토콘드리아는 음식(포도당)을 이산화탄소로 완전히 연소시켜

30ATP 이상의 에너지를 만들 수 있는데, 이는 미토콘드리아가 없을 때 만들 수 있는 에너지보다 15배 이상 많다. 우리 몸에 미토콘드리아가 없었다면, 같은 에너지를 얻기 위해 15배나 많은 음식을 먹어야 했을 것이고, 우리는 그 많은 양을 제대로 소화(연소)해내지 못해 한낱 세균과 크게 다르지 않은 생물로 머물렀을 것이다.

효모도 이 미토콘드리아를 가진 진핵생물로, 포도당을 이산화탄소로 완전히 태워서 많은 에너지를 만들 수 있다. 그런데 효모에는 미토콘드리아가 고작 20~30개로, 일반 진핵세포의 100분의 1에 불과하다. 미토콘드리아 또는 산소가 부족하면 포도당이 완전히 연소되지 않고 보통 젖산으로 분해된다. 유산균이 젖산(유산)을 많이 만들어내는데, 우리도 산소가 부족하면 근육에서 젖산이 만들어진다. 그런데 효모는 특이하게도 젖산 대신에 알코올을 만든다. 얻는 에너지가 적어서 계속 포도당을 알코올로 분해하고 또 분해한다.

사실 알코올은 대부분의 생명체에게 독성이 있다. 효모는 왜 미토콘드리아를 늘리는 쪽으로 진화하지 않고, 다량의 알코올을 만들고 거기에 견디는 쪽으로 진화한 것일까? 알코올 함량이 5퍼센트만 넘어도 세균의 증식이 많이 억제되고, 70퍼센트로 희석한 알코올은 유용한 살균제가 된다. 효모는 포도당을 빠른 속도로 분해하여 알코올을 만들고, 그 알코올로 다른 세균을 억제하여 영양분을 독점하는 전략을 사용한다고 해석할 수 있다.

알코올을 그런 식으로 쓰는 생명체는 별로 없다. 그런데 인간은 효모를 인간의 편익에 맞게 대량으로 키우고 활용했기 때문에, 마치 그것이 원래부터 흔한 존재인 것처럼 여긴다. 커피나무나 차나무 같은 향신료식물은 매우 희귀한 작물인데, 인간의 입맛에 맞다고 대량으로 기르다보니 그것이 원래 자연에 아주 흔하다고 착각하는 것과 마찬가지다. 효모는 매우 독특한 존재다. 단지 우리에게 익숙하고 친숙해졌을 뿐이다.

소화·흡수하기 쉬운 음식이

최고의 음식이다 ◇◇◇◇ 음식을 소화하고 흡수하는 데에 생각보다 많은 에너지가 들고 몸에 부담이 되기도 한다. 내 몸에 필요한 에너지를 얻고자 음식을 먹는데도, 소화하는 과정에서 많은 칼로리가 소비된다. 우리가 어떤 음식을 먹으면, 음식은 입 안에서 씹힌 후 식도를 타고 위에서 장으로 옮겨진다. 각 소화기관들은 들어온 음식물을 소화하기 위해 각자의 기능에 충실하게 열심히 일해야 한다. 위는 염산을 만들고 단백질과 탄수화물을 분해하는 효소를 만들며, 쓸개는 지방의 소화를 위한 담즙산을 만들어야 하고, 여러 내장 기관은 음식물을 아래로 내려보내기 위해 연동운동을 해야 한다. 이렇게 분해된 물질을 흡수하는 데에도 에너지가 필요하고 일부 다른 물질로 전환하는 데에도 에너지가 필요하다.

그런 면에서 소화가 잘되는 음식이 최고의 음식이다. 식이섬유처럼 소화가 안 되는 성분을 먹는 것은 에너지를 낭비하는 행위다. 그런데 과거에는 우리 몸에 아무런 쓸모도 없다고 천대받던 그 식이섬유가 이제는 예찬의 대상이 됐다. 마음껏 먹어도 소화와 흡수가 되지 않아 살이 찌지 않으니 다이어트에 좋다는 이유로 말이다. 그래서 도정이

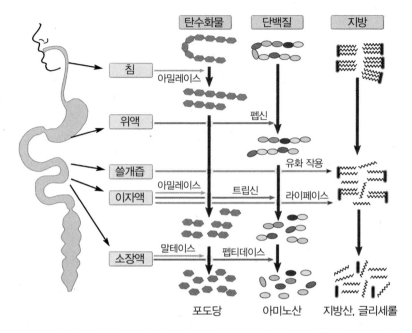

그림 56 탄수화물, 단백질, 지방의 소화. 각각 소화기관에서는 침, 위액 등 소화액이 나오며 그 소화액 안에는 아밀레이스나 펩신 같은 소화효소가 있다.

덜된 현미 등의 거친 조곡류(粗穀類)가 인기 식품으로 떠올랐다. 과거 보릿고개에 변변치 않은 먹거리로 연명하던 시절에는 상상도 하지 못한 풍경이다. 식이섬유가 칭찬을 받는 이유는 우리 몸이 원시시대의 먹거리에 적합하게 설계된 그대로이기 때문이다. 예전 음식에는 소화가 안 되는 식이섬유가 많아도 너무 많았다. 지금 음식보다 4배 이상 많았다. 우리 몸은 그런 먹거리를 잘 소화할 수 있도록 만들어졌는데, 현대에 들어와서 갑자기 식이섬유가 너무 적은 식사를 하면서 문제가 발생했다. 섬유소 부족으로 대변이 장내에 정체되는 시간이 너무 길어졌고, 장내 미생물 종류와 대사가 변하고 영양소를 과하게 흡수하는 등의 문제가 발생한 것이다.

식이섬유는 소화가 안 되는 부분이 많아 다른 물질의 흡수를 물리적으로 방해한다. 그것이 과잉 섭취를 줄이는 효과는 있겠지만, 그렇다면 차라리 음식을 적게 먹는 것이 더 좋다. 식이섬유를 지나치게 많이 먹으면 철, 칼슘, 아연, 마그네슘과 같은 미네랄과 비타민의 흡수도 방해된다. 식이섬유는 장내 세균을 증식시켜 가스 팽만, 복통 등을 유발할 수 있다. 식이섬유가 장운동을 촉진한다고 알려져 있지만, 식이섬유를 아무리 많이 먹어도 물이 부족하면 변이 오히려 단단해져서 변비가 악화될 수도 있다. 식사는 소화가 잘되는 음식을 적당히 먹는 것이 바람직하며, 다이어트에 도움이 된다는 등의 이유 때문에 식이섬유로 소화를 억제하는 것은 그리 바람직하지 않다.

옛날에는 음식물에 식이섬유가 과하게 많았고 소화 문제가 지금보다 심각했다. 그래서 따뜻한 흰쌀밥이 최고였다. 따뜻하다는 것은 전분이 호화되어 효소가 쉽게 작용하여 잘 소화된다는 뜻이고, 흰쌀밥은 소화가 잘 안 되는 현미 부분이 많이 제거된 밥이다. 밀가루는 쌀보다 단백질이 많은데, 이 단백질은 전분을 감싸서 호화하기 힘든 형태를 만들기도 한다. 그래서 옛날 사람은 밀가루 음식을 소화하기 힘들어했다.

사실 단백질은 소화가 쉽지 않은 영양분이다. 구성하는 아미노산의 종류도 다양하고, 둘둘 뭉쳐진 구조나 다른 단백질 사슬과 결합하여 이룬 나선 구조를 일단 풀어야 하기 때문이다. 위에서 1차 분해되고 소장에서 2차 분해되어, 그 구조가 풀리고 아미노산 형태로 완전히 분해되어야 흡수할 수 있다. 단백질이 바로 분해되지 않다보니 생기는 문제도 많다. 어떤 사람은 밀의 단백질인 글루텐이 장내 염증을 일으키고 소화장애, 피부장애, 천식, 비염, 두통 등을 일으킨다고 한다. 그래서 점점 '글루텐 프리' 제품이 많이 출시되고, 매년 그 시장이 성장하고 있다. 글루텐 때문에 발생하는 대표적인 질환으로 셀리악병이 있다. 셀리악병은 일종의 자가면역질환으로, 완전히 소화되지 않은 글루텐이 소장 점막을 자극해 염증을 유발한다. 미국인의 1퍼센트가 이 병을 앓고 있으며, 우리나라에는 셀리악병 환자가 거의 없다.

단백질에 의한 알레르기 문제도 심각하다. 알레르기는 영·유아의 6~8퍼센트, 성인의 1~2퍼센트가 경험하는 것으로 알려져 있다. 난류, 우유, 메밀, 땅콩, 대두, 밀, 고등어, 게, 새우, 돼지고기 등 20종 이상의 원재료는 알레르기를 일으키는 물질을 포함하고 있으므로, 식품에 만들 때 꼭 주의 문구를 표시해야 한다. 알레르기는 두드러기, 가려움증, 천식 등 다양한 증상을 일으킬 뿐 아니라 심하면 쇼크로 목숨을 앗아갈 수도 있다. 미국에선 연간 200명 이상이 알레르기로 생명을 잃는다. 만약에 단백질이 빠르게 분해되어 흡수된다면 이런 문제가 없었을 텐데, 분해 속도가 느리고 완벽하게 분해되지 않는 경우도 많아 이런 문제가 발생한다.

최근 로마린다 의과대학의 스티븐 R. 건드리(Steven R. Gundry) 교수는 『플랜트 패러독스(The Plant Paradox)』에서 문제를 일으키는 단백질로 렉틴에 주목했다. 렉틴은 식물이 동물과의 싸움에서 스스로를 방어하기 위해 만든 단백질 복합체다. 식물의 씨앗, 낱알, 껍질, 잎에 든 렉틴은 식물을 소비한 포식자 몸속의 당질 복합체와 결합한다. 건드리 교수에 따르면, 렉틴은 곰팡이, 곤충 등의 세포 표면에 달라붙어 세포들 사이의 메시지 전달을 방해하거나, 독성이나 염증성 반응을 유발한다고 한다. 그래서 건드리 교수는 건강에 좋다고 알려진 통곡물이 오히려 건강에 나쁘다고 주장한다. 몇천 년 전에 분쇄 기술로 밀을 비롯한 곡물의 섬유질 조직을 제거할 수 있게 된 이래, 특권계급은 흰 빵을 먹었다는 점을 증거로 내세운다. 통곡물로 만들어진 갈색 빵은 소작농들에게 주어졌다. 통곡물은 섬유질을 벗겨낸 곡물보다 렉틴 함량이 상당히 높기 때문에 소화가 잘 안 된다. 그래서 아시아인은 오래전부터 힘들여서 현미의 외피를 벗겨 하얗게 만든 후 먹어왔다. 그의 주장에는 과장도 많다. 하지만 적어도, 건강에 좋다는 이유로 무작정 현미 같은 통곡물을 고집할 필요는 없으며, 기본적으로 소화가 잘 되는 음식이 좋은 음식이라는 것은 기억할 필요가 있다.

셀룰로스는 효소가 없어서
분해를 못한다고요? ⋯⋯
예전에는 먹을 것이 없어서 초근목피(草根木皮)로 연명했다는 말이 있다. 아무리 먹을 것이 없어 굶어죽는 시기에도 산천에 풀과 나무는 있었고, 풀뿌리나 나무껍질에는 아주 약간이나마 소화할 수 있는 성분이 있었기 때문에 그것이라도 먹었다는 뜻이다. 쌀, 감자, 고구마도 포도당(전분)으로 만들어졌고, 풀과 나무도 포도당(셀룰로스)으로 만들어졌다. 지천에 널려 있는 풀과 나무를 쉽게 소화할 수 있었다면, 굶어죽을 염려도 없고 먹을 것을 구하기 위해 힘들게 일할 필요도 없을 텐데, 우리는 왜 포도당이 결합한 셀룰로스를 소화하지 못하고 굶어죽었을까?

셀룰로스의 구조는 정말 강인하다. 나무가 100미터 넘게 자랄 수 있는 이유는 나무를 이루는 셀룰로스가 그만큼 강인하기 때문이다. 예전에는 로프나 옷, 모시, 삼베도 전부 셀룰로스로 만들었다. 요즘에는 셀룰로스를 가공하여 레이온을 만들기도 한다. 이렇게 강인한 셀룰로스를 그나마 반추동물이 분해할 수 있다고는 하지만, 반추동물도 나무를 씹어 먹지는 않고 가급적이면 부드러운 풀을 먹는다. 풀은 아직 셀룰로스가 충분히 발달하지 못해 분해하기 쉽기 때문이다.

하지만 반추동물은 풀을 소화하는 데에도 많은 대가를 치르고 있다. 반추동물은 혹위·벌집위·겹주름위·주름위라는 4개의 방으로 분화된 커다란 위를 가지고 있어야 한다. 셀룰로스를 섭취하고 반추하는 데에 하루 12시간 이상 시간을 보내고 3만~5만 번을 씹으며, 섭취한 에너지의 25퍼센트 이상을 소모한다. 예전에 시골에서 소에게 볏짚을 줄 때도, 적당한 크기로 자른 뒤 쌀겨를 섞어 가마솥에 넣고 푹 삶아서 소화하기 쉬운 쇠죽으로 만들어 주었다. 그런데 세상에는 이렇게 먹기 힘든 셀룰로스를 잘 먹고 사는 생물이 몇몇 존재한다.

◈ 흰개미 이야기

대표적인 초식 곤충인 흰개미는 셀룰로스만 있으면 다른 먹거리가 필요 없다. 자연에 가장 흔한 유기물이 셀룰로스이니, 먹을 것 걱정은 전혀 없는 셈이다. 그런데 흰개미는 살아 있는 것은 먹지 않고 죽은 잎과 나무만 먹는다고 한다. 가히 편식의 지존이다. 동물은 단백질이 있어야 사는데, 나무에 있는 질소는 고작 0.05퍼센트에 지나지 않는다. 거의 완전히 탄수화물 덩어리다. 그런데 여왕 흰개미는 그렇게 지독하게

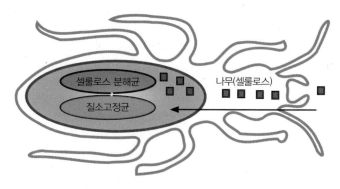

그림 57 흰개미는 장내에 공생하는 셀룰로스 분해균과 질소고정균 덕분에 셀룰로스만 먹고 살 수 있다.

편식을 하고도 18년을 살고, 잘하면 100년을 살 수도 있다고 한다.

그렇게 편식을 해도 문제가 없는 이유는, 장내 미생물이 셀룰로스를 분해해주고 질소도 고정해주기 때문이다. 흰개미의 장 속은 중성이어서 세균뿐 아니라 원생동물도 쉽게 살아갈 수 있다. 그래서 흰개미의 장 속에 공생하는 원생동물의 무게는 흰개미 체중의 30퍼센트를 차지한다. 그 원생동물이 셀룰로스를 글루코스로 분해하면, 세균이 그것을 이용하여 유기산을 합성한다. 이런 흰개미의 장내 발효 기작은 놀랍게도 인류가 발명한 최첨단 바이오에탄올 생산법과 매우 흡사하다고 한다.

◈ **토끼 이야기**

초식동물은 대부분 덩치가 크다. 덩치가 크면 셀룰로스를 소화할 공간을 확보할 수 있고 체온을 높이기도 쉽다. 체온이 높으면 효소의 움직임이 활발해져서 소화와 흡수가 한결 쉬워진다. 덩치가 커질수록 상대적으로 표면적이 작아져서 열 손실이 줄어들고, 보존한 열(체온)이 음식의 소화와 흡수를 좋게 하므로 몸집을 키우기도 더 쉬워진다. 그래서 말, 소, 코끼리 등 대부분의 초식동물은 몸집이 큰 편이다.

그런데 풀만 먹고 사는 토끼는 도무지 초식동물에 어울리지 않게 몸집이 작다. 토끼는 과연 이러한 신체적 핸디캡을 어떻게 극복했을까? 비결은 바로 똥에 있다. 토끼는 두 종류의 똥을 눈다. 하나는 묽고 부드러운 똥이며, 다른 하나는 흔히 볼 수 있는 동글동글하면서 단단하고 까만 똥이다. 토끼는 풀을 먹어도 몸 안에 그것을 충분히 소화할 공간이 없다. 그래서 어느 정도만 소화하고 배설한 뒤 그것을 다시 먹어야 건강하게 살 수 있다. 첫 번째 똥은 미처 다 소화하지 못한 영양분과 물이 많아 묽고, 두 번째 똥은 그것이 전부 흡수되어 단단하고 둥글둥글하다. 그래서 두 번째 똥은 먹지 않고, 우리는 그것만 보게 된다. 반추동물이 되새김질하듯이 토끼는 대변을 이용해 되새김질하는 것이다. 첫 번째 똥은 바닥에 떨어지지 않도록 몸을 구부려 자신의 항문에 주둥이를 대고 모조리 핥아먹는다. 이런 행위는 대개 이른 아침에 이루어져서 사람 눈에는 잘 띄지 않는다. 이를 못 먹게 하면 토끼는 불안해하고 정상적으로 자라지 못하며, 영양부족으로 죽을 수도 있다.

◈

지금까지 에너지원으로 음식의 역할을 알아보고, 그 역할에 적합한 좋은 음식이란 소화·흡수가 잘되는 음식이라는 점도 살펴보았다. 단백질과 지방 등 수많은 물질이 에너지원으로 쓰일 수 있지만, 사실 단순히 포도당 하나만 있어도 충분하다. 하지만 음식을 먹는 목적이 에너지원 확보를 넘어 우리 몸에 필요한 다양한 부품(분자)을 확보하는 것이라 조금 복잡해진다.

제5장

핵심 부품이자 엔진인 단백질

비타민보다 아미노산이
비교할 수 없이 중요하다 ◇◇◇◇　음식에 관한 조언은 수도 없이 많지만, 그중에서 가장 많은 지지를 받는 말은 '편식하지 말고 골고루 적당히 먹어라'일 것이다. 우리 몸에는 다양한 분자가 필요한데, 음식마다 존재하는 필수아미노산, 필수지방산, 비타민과 미네랄의 양이 달라서 골고루 먹어야 한쪽으로 치우치지 않기 때문이다. 하지만 필요한 성분이 어느 정도 확보된다면 굳이 골고루 먹을 필요는 없다. 음식마다 성분이 다른 이유는 애초에 음식으로 만들어질 동식물이 편식하기 때문이고, 편식에도 충분한 장점이 있다. 예를 들어 식물은 지독하게 편식한다. 빛(인공조명도 된다), 이산화탄소, 물만 있으면 모든 탄수화물과 지방을 만들 수 있고, 여기에 소량의 몇 가지 영양분만 추가되면 식물은 잘 자란다. 그런데 우리는 왜 식물과 달리 훨씬 복잡하고 다양한 음식을 먹어야 할까?

동물은 움직이는 생명체이므로, 식물에 비해 엄청나게 많은 에너지가 필요하다. 광합성만으로 해결할 수 있는 양이 아니다. 그래서 식물을 먹으며 식물이 비축한 포도당에 의존해서 살아야 한다. 원래는 포도당만 먹어도 살아갈 수 있어야 정상이다. 하지만 자연에 인간이나 동물을 위한 순수한 포도당은 없고, 식물과 같이 복잡한 화학물질로 된 생명체만 있다. 동물이 식물을 먹으면 포도당 말고 다른 영양 성분도 같이 얻게 되는 것이다.

그러다 보니 굳이 스스로 합성하지 않아도 먹어서 얻을 수 있는 분자가 많아졌다. 그래서 우리 몸은 점점 몇몇 영양소를 합성하는 능력을 잃어갔고, 음식으로 섭취해야 하는 성분인 필수아미노산, 필수지방산, 비타민의 종류가 늘었다. 우리 몸에 있는 수천 가지 효소는 수천 가지 분자를 직접 합성하는 데에 쓰인다. 필수아미노산, 필수지방산, 비타민은 우리 몸이 그것들을 합성하는 효소를 잃어버렸다는 점에서 특별하다. 하지만 그렇다고 그것들의 역할이 다른 비필수 성분에 비해 더 특별한 것은 아니다.

몸에 필요한 것만 제대로 갖추어진다면 편식을 해도 잘 살 수 있다. 이 사실은 동물의 사료를 통해서도 이미 증명되었다. 요즈음 애완견은 예전보다 2배나 오래 산다고 한다. 가장 큰 이유는 100퍼센트 가공식품인 사료 덕분이다. 집에서 온갖 천연 재료로 정성껏 식사를 준비해주어도, 그냥 사료를 먹이는 것만 못하다고 한다. 애완견은 매일같이 똑같은 사료를, 배고플 때 배고프지 않게 될 만큼만 먹는다. 매일 사료를 편식하면서도 과거보다 훨씬 오래 산다.

이것저것 먹으면서 식품에 과학이 밝히지 못한 신비한 성분이 있을 것이라고 기대하기보다, 단백질처럼 가장 많이 쓰이는 성분에 관심을 가지는 것이 더 좋다. 단백질의 의미는 단순히 수많은 영양분 중하나라는 데서 그치지 않는다. 우리 몸에는 최소 2만 종이 넘는 단백질이 있고, 하나하나가 생존의 필수 요소다. 생명이 무엇인지를 이해하는 일은 결국 단백질이 무엇이고 어떻게 작용하는지를 아는 것에 가깝다. 예를 들어 효소는 생명에 필요한 모든 분자를 만든다. 광합성을 통해 포도당을 만들고, 포도당을 이용해 탄수화물, 지방 등을 만든다. 식물은 비타민도 효소로 만든다. 그리고 이런 효소도 단백질이다. 유전자를 구성하는 핵산을 만들고, 유전자를 복사하고 관리하는 것도 효소다. 심지어 효소를 만드는 것도 효소이니, 모든 생명현상은 단백질 현상이라고 할 수 있을 것이다.

사람의 몸에서 합성할 수 없는 9가지 아미노산인 류신, 이소류신, 라이신, 메티오닌, 발린, 트레오닌, 트립토판, 페닐알라닌, 히스티딘을 필수아미노산이라고 한다. 그런데 필수와 비필수의 구분은 정말 애매하다. 메티오닌은 몸에서 합성이 안 되므로 필수아미노산이라고 한다. 그러니 반드시 음식으로 섭취해야 한다. 시스테인은 메티오닌만

비필수아미노산	조건에 따라 필수	필수아미노산
글루탐산 아스파트산 알라닌 시스테인	글루타민 프롤린, 아르기닌 아스파라긴 세린, 글리신 티로신	히스티딘 라이신 트레오닌, 이소류신 류신, 발린 페닐알라닌 트립토판

표 13 아미노산의 분류. 몸에서 합성되는지, 꼭 음식으로 섭취해야 하는지에 따라 필수/비필수를 나눈다. 가운데 있는 '조건에 따라 필수' 아미노산들은 몸에서 합성이 되기는 하지만 그 양이 부족해서 음식으로 섭취해야 하는 것들이다.

있으면 쉽게 만들어진다고 비필수아미노산이라고 한다. 하지만 시스테인도 메티오닌이 없으면 우리 몸이 아무 때나 스스로 합성할 수는 없으므로 '필수'의 조건을 갖추긴 했다(반드시 음식으로 메티오닌이나 시스테인을 섭취해야 한다). 그러니 필수/비필수 구분은 정말 당혹스러운 것이다. 우리 몸에 더 중요한 영양소는, 필수아미노산이 아니라 글루탐산처럼 쉽게 만들어지는 아미노산이다. 아무리 '필수'라고 해도 비필수아미노산인 글루탐산보다 다양하고 중요한 역할을 하는 것은 없다. 우리는 그동안 몸에서 많은 기능을 하는 물질보다는 비타민처럼 단지 몸에서 생산되지 않는 성분에만 너무 과도한 관심을 가졌다.

아미노산은 하나하나가

소중하다 ◦◦◦◦◦ 단백질이 소중하니 그것을 구성하는 아미노산이 소중하다는 사실은 금방 알 수 있다. 단백질을 구성하는 20가지 아미노산이 모두 비타민보다 중요하지만, 굳이 전부 살펴보지 않고 글루탐산에서 만들어지는 몇 가지 아미노산만 확인해봐도 그 중요성을 알 수 있다. 글루타민의 역할은 앞에서 이미 충분히 알아보았으므로, 여기서는 아르기닌과 프롤린의 기능을 알아보고자 한다. 그리고 글루탐산과 가장 닮은 아미노산인 아스파트산 또한 살펴보자.

◈ 아르기닌: 가장 많은 질소를 품은, 질소대사의 종결자

아르기닌은 체내 pH에서 양전하를 띠어서 극성이자 친수성을 가진다. 여러 가지 아미노산이 뭉쳐 단백질이 구형으로 만들어질 때는, 친

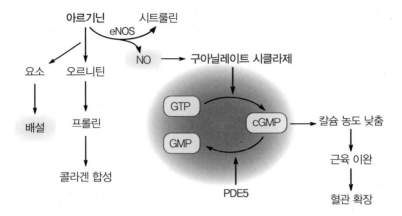

그림 58 아르기닌의 역할. 아르기닌은 요소와 오르니틴으로 분해되며, 요소는 배설되고 오르니틴은 프롤린으로 전환되어 콜라겐을 합성하는 데에 쓰인다. 또한 내피세포 산화질소 합성효소(endothelial nitric oxide synthase; eNOS)에 의해 시트룰린과 일산화질소로 분해되기도 한다. 일산화질소는 구아 닐레이트 시클라제(guanylate cyclase)라는 효소를 활성화하며, 이 효소의 작용으로 인해 결과적으로 혈관이 확장된다.

수성인 아르기닌이 물과 가까운 바깥쪽에 위치한다. 그래서 물이나 다른 분자와 수소결합을 하거나 칼슘결합을 한다. 이런 특징 때문에 2개의 단백질이 만나 결합하는 부분에서 흔히 발견된다. 아르기닌은 오르니틴과 요소로 분해되어 질소를 배출하기도 하고, 크레아틴이나 폴리아민 합성에 사용되기도 한다. 크레아틴은 척추동물의 근육조직에 크레아틴인산 형태로 다량 존재하며, 크레아틴인산은 ATP처럼 에너지원으로 쓰인다. 폴리아민은 아미노기를 가진 유기화합물의 통칭이다. 아르기닌에 의해 20여 종의 폴리아민이 만들어지는데, 그 역할은 다양하다. 또한 아르기닌은 시트룰린으로 분해되면서 혈관 확장을 조절하는 신호 물질인 일산화질소(NO)를 공급하기도 한다. 일산화질소는 아스파라긴으로부터 합성되기도 하는데, 체내 조직에서 일부 혈관을 확장하여 혈류를 조절한다. 몸에 아질산이 보충되면 협심증, 동맥경화, 냉증 등 혈관계 질환이 개선되는데, 그것은 아질산(NO_2)에서도 일산화질소(NO)가 쉽게 만들어지기 때문이다(일산화질소에 의해 혈관이 확장되는 원리와 그러한 기능의 의미는 제6장에서 좀 더 자세히 알아보고자 한다).

아르기닌은 의약품, 식품, 화장품, 동물 사료 등에 폭넓게 이용된다. 태아의 면역계가 발달하는 데에 중요하고, 유전자 발현을 조절하며, 정상적인 면역반응에 관여한다. 뇌하수체에 작용하여 성장호르몬의 분비를 촉진하며, 전신의 신진대사를 촉진한다. 당화를 억제하여(항당화 효과) 당뇨 합병증을 예방하고 노화를 억제하며, 항산화 효과가 있어서 임신 중에 발생할 수 있는 고혈압이나 신장증을 예방하는 것으로도 알려져 있다. 특히 외상을 입은 상황에서는 충분히 공급하는 게 바람직하다고 한다. 간 기능을 도우므로, 피로 해소나 혈류 촉진을 목적으로 하는 건강식품이나 스포츠 보충제, 기능성 음료 등에 많이 사용된다. 화장품에서는 보습을 목적으로 만들어지는 여러 제품에 쓰인다. 아르기닌은 아미노산 중에서 가장 알칼리도가 높기 때문에, 서로 다른 성분을 유화하는 중화제로 습윤제, 비누, 샴푸, 린스 등에 사용된다. 닭을 성장시키고 알을 더 잘 낳게 하거나 수컷의 정자수를 늘리고 활성화하기 위해 사료로 쓰기도 한다.

◈ 프롤린: 콜라겐의 핵심 분자

프롤린은 특이하게도 고리 구조가 있어서 다른 아미노산에 비해 강도가 뛰어나다. 그런 고리 구조 때문에 다른 아미노산과의 결합 속도가 느리며, 특히 프롤린과 프롤린 사이의 결합이 가장 느리게 일어난다. 하지만 프롤린의 예외적으로 높은 강도는 단백질의 강도에도 영향을 미친다. 고온을 잘 견디는 생물의 단백질에는 프롤린의 함량이 높다.

프롤린으로 만들어지는 대표적인 단백질이 콜라겐이다. 콜라겐이 만들어지는 과정에서는, 우선 글리신, 라이신, 프롤린 같은 아미노산이 펩타이드결합을 해서 주욱 이어지는 사슬(1차 구조)이 만들어지고, 이후에 3개의 사슬이 꼬여 나선(helix) 구조가 만들어진다. 이런 나선 구조를 만드는 데에 프롤린과 하이드록시 프롤린이 중요한 역할을 한다. 효소에 의해 프롤린이 하이드록시화(-OH기 추가)하면 수소결합 능력이 커져서 콜라겐 구조의 안정성이 크게 증가한다. 프롤린의 하이드록시화는 고등 생물의 결합 조직을 유지하는 데에 중요한 생화학적 과정이다. 비타민C 결핍증으로 잘 알려진 괴혈병은 콜라겐이 부족해서 생기는 병으로, 하이드록시화 효소의 돌연변이나 결함으로도 발생할 수 있다. 프롤린이 없으면, 비타민C가 아무리 많아도 콜라겐은 만들어지지 않는다.

◈ 아스파트산: 글루탐산의 동생

아스파트산도 글루탐산처럼 뇌에서 흥분성 신경전달물질로 쓰인다. 글루탐산의 3분의 1 수준의 감칠맛이 나며 여러 아미노산의 전구물질이 되는 등 여러모로 글루탐산과 닮았다. 그리고 요소를 만드는 데 쓰이거나, 지방이나 단백질로부터 포도당을 만드는 당신생(gluconeogenesis)에도 중요한 역할을 하며, 핵산을 만드는 데 쓰인다는 점에서도 아스파트산은 글루탐산과 닮았다. 그러니 글루탐산 대

	글루탐산	아스파트산
감칠맛	1	1/3
흥분성 신경전달	O	O
암모니아 흡수	글루타민	아스파라긴
암모니아 배설	요소회로에 작용	요소회로에 작용
직접 만들어지는 아미노산	프롤린, 아르기닌, 히스티딘	트레오닌, 이소류신, 메티오닌, 라이신

표 14 아스파트산과 글루탐산의 비교

신 아스파트산을 주제로 이 책을 썼어도 비슷한 내용이었을 것이다.

탄수화물은 포도당이 다양한 형태로 결합하고 변형된 것이므로, 포도당 하나만 제대로 알아도 탄수화물의 90퍼센트를 이해한 셈이다. 지방은 조금 많게 네 종류의 지방산만 알아도 90퍼센트가 설명된다. 그런데 단백질은 무려 20종의 아미노산으로 구성된다. '왜 단백질은 20종이나 되는 아미노산이 필요할까?'라는 질문은 생각보다 깊은 의미가 있다.

DNA는 네 종류의 핵산(염기)으로 만들어졌다. 컴퓨터는 0과 1 이진수로 정보를 처리하고 저장하는데, 생명의 정보는 4진수 체계인 것이다. 그러므로 컴퓨터의 정보 단위 1자리로 가능한 조합이 2가지(0, 1)라면, 핵산 1자리로 가능한 조합은 4가지(A, T, C, G)다. 핵산 2자리로 가능한 조합은 4×4인 16가지, 3자리는 $4 \times 4 \times 4$인 64가지다. 우리 몸의 DNA는 세포마다 32억 개의 핵산(염기)이 있고 길이는 2미터쯤 된다. 그런 세포가 우리 몸에 30조 개나 있고, 우리 몸의 모든 DNA를 한 줄로 이으면 800억 킬로미터에 달한다. 지구 둘레가 4만 킬로미터이므로 지구 둘레를 200만 번 감을 수 있는 길이다. 게다가 평생 동안 세포는 약 50회 복사되니 우리가 평생 만들어내는 DNA의 길이는 4조 킬로미터, 1광년인 9.5조 킬로미터의 절반 정도 된다.

단백질을 구성하는 아미노산은 총 20가지가 있으므로, 각각의 아미노산 정보를 구분해서 저장하려면 핵산 세 자리가 필요하다. 두 자리면 16가지 정보밖에 저장하지 못하기 때문이다. 그런데 만약 단백질을 구성하는 아미노산이 16종 이하였다면 3자리 대신 2자리만으로 아미노산 정보를 담을 수 있었을 것이고, 그렇다면 단백질 생성 정보를 담는 DNA의 길이는 3분의 2로 줄었을 것이다. 길이가 줄어든다는 것은 유전자 복제에 드는 비용도 그만큼 줄일 수 있는 뜻이다. 하지만 모든 생명은 20가지 아미노산을 쓴다. 그 오랜 진화의 세월 동안 20가지 이하의 아미노산을 사용하는 생명체가 나타나지 않았다는 사실은 우연이 아닐 것이다.

만약에 단백질을 구성하는 수많은 아미노산 중에서 한 가지라도 문

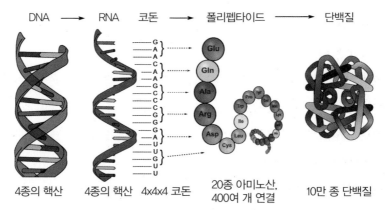

그림 59 DNA에 담긴 유전 정보로 단백질이 만들어지는 과정. DNA의 유전 정보는 RNA로 전사(轉寫)되며, 유전자 발현에서 하나의 아미노산으로 지정되는 기본 단위인 코돈(codon)은 3자리의 핵산으로 구성된다.

제가 생기면 어떻게 될까? 1944년 아프리카 감비아에서 병리학자 윈스턴 에번스(Winston Evans) 박사는 현지 주민 600명의 혈액을 분석했다. 무서운 말라리아모기에 물려도 멀쩡한 사람이 많아 그 비밀을 찾기 위해서였다. 그 결과 조사 대상의 20퍼센트 정도가 '겸상(낫 모양) 적혈구' 유전자를 가진 것으로 확인됐다. 이들은 말라리아에 걸리더라도 경미하게 앓고 완치된다. 정상 적혈구에 비해 겸상 적혈구는 산소를 원활하게 운반하지 못하며, 혈액을 타고 잘 순환하지도 못해 종종 혈관을 막기도 한다. 그래서 겸상 적혈구를 가진 환자는 만성 빈혈이나 간기능 저하, 성장 저하 등 많은 질병에 걸린다. 1년에 3번 이상 혈관이 막히는 위기를 겪는 환자는 35세 정도를 살며, 증상이 약하면 50세 이상 생존하기도 한다.

그런데 말라리아에 감염되면 상황은 정반대로 역전된다. 말라리아에 감염되어 말라리아 병원충이 적혈구 안으로 들어가 분열·증식하면, 적혈구에서는 '어드헤신(adhesin)'이란 단백질을 만든다. 이 단백질은 적혈구 표면을 끈적끈적하게 만들어 적혈구끼리 서로 달라붙고 엉기게 한다. 그러면 모세혈관이 막히거나 염증이 생기고 발열, 오한, 떨림 증상이 나타난다. 적혈구를 파괴하고 혈관 속으로 나온 말라리아 원충은 다른 적혈구에 연쇄적으로 감염을 일으키며, 증상이 심각하면 사망에 이를 수도 있다. 그런데 낫 모양의 적혈구에서는 이런 일이 일어나지 못한다.

겸상 적혈구는 유전자에서 한 개의 핵산이 변형되어, 원래 친수성인 글루탐산이 들어갈 자리에 소수성인 발린이 들어가 만들어진다. 딱 한 개의 아미노산이 바뀌었을 뿐인데 단백질은 원래 형태가 되지

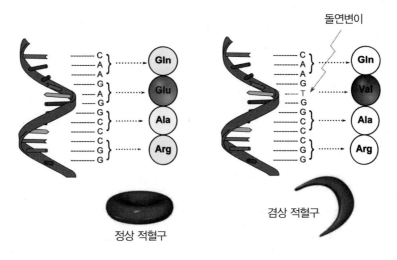

돌연변이

Gln

Glu

Ala

Arg

Gln

Val

Ala

Arg

정상 적혈구

겸상 적혈구

그림 60 겸상 적혈구 증상의 원인

못한 것이다. 적혈구가 낫 모양으로 바뀌고 기능이 많이 안 좋아졌지만 말라리아에는 걸리지 않게 되었다. 이처럼 단백질은 구성하는 하나하나의 아미노산이 중요하지만, 우리는 그런 일을 직접 경험해보지 않아 개별 아미노산의 소중함을 잘 모른다.

단백질은 견고하고
정교해야 한다 ∘∘∘∘∘ '단백질'이라는 단어는 계란 흰자에서 유래한 말이다. 삶은 계란이 부드러운 것을 보면 단백질은 꽤 부드러운 물질인 듯 보인다. 하지만 머리카락도 단백질인데 꽤 질기고, 연골이나 힘줄도 꽤 강인하다. 사실 단백질은 엄청나게 강인한 구조를 만들 수 있다. 거미줄이 그 예다. 거미줄은 두께가 너무 얇아서 그 강도를 실

감하기 힘든데, 같은 무게의 강철보다 20배나 질기다. 미국의 화학기업 듀폰(DuPont)에서 만든 방탄복 소재인 케블라 섬유보다도 4배나 강하다고 한다. 우리 몸에서는 세포의 뼈대를 만드는 콜라겐, 피브로인(실크 단백질), 엘라스틴(혈관, 피부조직), 프로테오글리칸(세포 외 기질[결합조직]의 일종) 등의 단백질이 단단한 구조를 만든다. 보통 세포막은 대부분 지방으로 되어 있을 것이라고 생각하기 쉽다. 하지만 건물을 지을 때 철근 콘크리트로 골조를 세우고 벽을 벽돌로 채우듯이, 세포도 단백질로 골조를 세우고 그 사이를 지방막이 채워 만들어진다. 그리고 세포막에는 수많은 단백질 소기관이 있어서, 세포막의 절반은 단백질이 차지한다. 단백질은 생명을 지탱하는 구조체인 것이다.

그런데 만약에 단백질이 단순히 견고하기만 했으면, 그것의 중요성은 크게 줄었을 것이다. 당으로 만들어진 셀룰로스나 연체동물의 껍질을 이루는 다당류인 키틴도 상당히 견고하기 때문이다. 지방의 일종인 폴리이소프렌에도 고무와 치클을 만들 정도의 강인함이 있다. 단백질이 대단한 이유는 견고하면서도 유연하고 동적이며 또한 정교해서 다양한 기능을 할 수 있기 때문이다. 단백질을 구성하는 아미노산이 20가지나 되는 이유는, 그 많은 아미노산으로 온갖 조합을 만들어 다양한 형태에 다양한 기능을 하는 단백질을 만들 수 있기 때문일 것이다.

세포막에 존재하는 물 전용 통로(아쿠아포린)는 매우 견고하고 정교한 단백질의 대표적인 예시다. 체중이 70킬로그램인 사람의 몸 안에는 몸무게의 60퍼센트인 42킬로그램의 물이 있다. 이는 개수로 치면 물 분자 약 1.4×10^{27}개에 해당한다. 사람 몸에는 30조 개의 세포

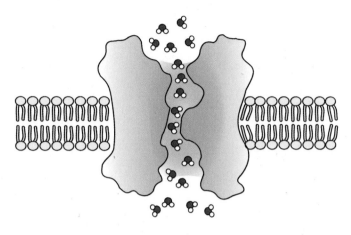

그림 61 세포막에 존재하는 물 통로(출처: Nobel Media AB.)

가 있으므로, 세포마다 약 50조 개의 물 분자가 있는 셈이다. 만약 한 개의 세포에서 수분 1퍼센트가 빠져나가려면, 약 5000억 개의 물 분자가 세포막을 통과해야 한다. 세포는 너무 작기 때문에 그 세포의 물 1퍼센트는 정말 적은 양으로 보인다. 하지만 5000억 개의 물 분자가 이동하는 것은 그리 쉬운 일이 아니다.

그래서 세포막에는 어마어마한 양의 물을 쉽게 통과시키는 단백질인 아쿠아포린이 있다. 분자생물학자 피터 아그리(Peter Agre) 교수는, 극성을 띠는 물 분자를 아쿠아포린이 어떻게 효과적으로 통과시킬 수 있는가 하는 비밀을 풀어서 노벨화학상을 받았다. 세포 안의 물이 아쿠아포린을 통해 빠르게 이동한다는 사실은 이미 1950년 중반에 알려져 있었지만, 그것이 어떻게 가능한지는 몰랐다. 그러다 물 통로를 형성하는 아미노산에서 답을 찾았다. 아스파라기닌, 프롤린, 알라닌이 NPA 박스(asparagine-proline-alanine box)라고 불리는 통로를 만드는데, 그 통로가 전기적으로 물 분자의 극성을 중화하여 초당 30억 개의 빠른 속도로 물 분자가 통과할 수 있다고 한다.

아쿠아포린은 세균, 식물, 동물 모두에 존재하고, 인간에게는 적어도 11종의 서로 다른 형태가 존재한다. 특히 인간의 콩팥에서 아쿠아포린이 중요한 기능을 한다. 콩팥에서는 하루에 약 170리터의 오줌을 생산하는데, 약 1리터 정도만 배출되고 대부분은 재흡수된다. 하루에 약 169리터에 달하는 어마어마한 물을 재흡수하기 위해서는 단백질로 만들어진 정교하고 견고한 통로가 필수다.

물 통로와 마찬가지로 이온 통로도 정교한 단백질이다. 뇌의 신경세포가 작동하려면 이온 통로가 잘 작동해야 한다. 세포막에 존재하는 이온 통로는 길이가 1.2나노미터, 너비는 0.6나노미터 정도다. 신경세포가 정상적으로 작동하려면, 이온들은 이런 통로의 중심을 초당 1억 개라는 엄청난 속도로 일렬로 통과해야 한다. 게다가 이 통로는 대단히 선택적이어야 한다. 칼륨 통로는 칼륨 이온만, 나트륨 통로는 나트륨 이온만 통과해야 한다. 통상 세포 안은 칼륨 이온 농도가 높고 밖은 나트륨 이온 농도가 높게 유지되어야 하는데, 칼륨 통로로 나트륨 이온이 통과하거나 하면 세포 안과 밖의 이온이 뒤섞여 곤란해진다. 나트륨 이온과 칼륨 이온은 같은 1가 양이온(Na^+, K^+)으로 성격이 비슷한데, 나트륨이 칼륨보다 크기가 작다. 따라서 나트륨 통로를 크기가 큰 칼륨 이온이 통과하지 못하는 것은 이해가 되는데, 칼륨 통로를 크기가 작은 나트륨 이온이 통과하지 못하는 것은 잘 이해가 안 된다. 놀랍게도 칼륨 이온이 1만 개 통과하는 동안 나트륨은 1개만 통과할 정도로 칼륨 통로는 대단히 선택적이다.

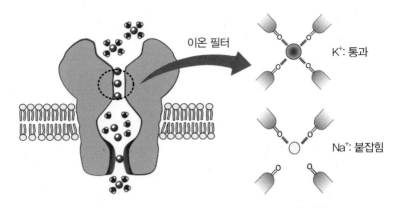

그림 62 칼륨 통로의 구조. 통로의 벽에 있는 산소 원자가 이온 필터로 작용한다. (출처: Nobel Media AB.)

　1998년 로더릭 매키넌(Roderick MackKinnon) 교수는 박테리아의 이온 통로를 연구하여 그 비밀을 밝혔다. 통로에 들어가기 전에 이온들은 물 분자에 둘러싸여 있는데, 통로 속에서는 벽에 있는 4개의 산소 원자가 그 물 분자와 결합하여 이온을 붙잡아두려 한다. 이때 칼륨 이온은 통로에 크기가 딱 맞아서 4개의 산소 원자 중앙을 자기부상열차가 미끄러지듯이 매끄럽게 빠져나온다. 그런데 나트륨 이온은 크기가 작아 4개의 산소 중앙에 균형 있게 위치를 잡지 못하고 한쪽에 치우쳐 붙잡힌다. 그렇게 산소와 결합하여 나트륨 이온은 빠져나오지 못한다. 단백질로 만들어진 이온 채널의 정교한 구조 덕분에 특정한 이온만 통과할 수 있는 것이다. 이런 구조를 발견한 공로로 매키넌 교수는 2003년, 아쿠아포린의 비밀을 밝힌 아그리 교수와 함께 노벨화학상을 받았다.

단백질은 동적이고

유연해야 한다 ◦◦◦◦   단백질은 견고하고 정교한 것만으로 충분하지 않다. 단백질은 동적이고 유연해야 한다. 단백질은 서로 모순된 듯한 이 두 가지 특성을 다 갖추고 있어서 특별하다. 전체적으로 유연하고 동적이어도 특정 부위는 견고할 수 있다. 효소와 감각 수용체가 대표적인 예다. 수많은 효소나 감각 수용체는 종류별로 자신과 꼭 맞는 분자와만 결합하고 반응한다. 그 모양이 정교하고 구조가 견고하지 않아 마구 변한다면, 제 기능을 할 수 없다. 예를 들어 인슐린 수용체는 고유의 형태가 있어서 인슐린이라는 호르몬(신호 물질)에만 딱 맞게 결합한다. 그런데 효소나 감각 수용체는 견고한 동시에 꿈틀거리지 않으면 작동이 안 된다.

감각 수용체와 감각 물질은 자물쇠와 열쇠처럼 작동한다. 감각 수용체는 감각세포 표면에서 계속 꿈틀거리다가 모양이 일치하는 분자(열쇠)가 오면 결합하여 상태가 바뀐다. 그런데 한번 결합한 이후 분리되지 않고 계속 그대로 있는 것도 문제다. 만약 계속 결합해 있다면, 혀에 소금이 닿았을 때 영원히 짠맛을 느끼게 될 것이다. 다행히도 감각 수용체가 계속 꿈틀거려 이내 열쇠와 다시 분리되기 때문에, 우리는 적당히 감각할 수 있다. 단백질의 역동성이 정교한 생명현상을 가능하게 하는 것이다.

사실 모든 분자는 매우 동적이다. 1827년 6월 식물학자 로버트 브라운(Robert Brown)은 현미경으로 달맞이꽃의 꽃가루를 관찰하여, 모든 작은 입자는 잠시도 쉬지 않고 끝없이 움직인다는 사실을 발견했다. 사실 꽃가루는 당시에 조악한 현미경으로도 쉽게 관찰할 수 있었던 아주 큰 입자인데, 입자는 작을수록 더 격렬하게 움직인다. 그러니 꽃가루보다 훨씬 작은 공기 중의 질소나 산소는 초음속으로 움직이며, 단백질도 잠시도 가만히 있지 않고 격렬하게 진동한다. 효소는 특별한 결합 부위로 결합 대상이 되는 분자를 붙잡아 격렬하게 움직여서 매우 빠르게 반응을 일으킨다. 단백질이 매우 동적이기 때문에 기능할 수 있는 것이다.

또한 단백질은 유연하기도 하다. 단백질에는 친수성 부위도 있고 소수성 부위도 있다. 단백질을 구성하는 20가지 아미노산 중에 친수성인 것도 있고 소수성인 것도 있기 때문이다. 단백질은 실뭉치처럼 둘둘 말린 형태가 많다. 생명체는 주로 물로 이루어져 있으므로 친수성 부위는 그 실뭉치 표면에 노출되어 물과 더 많이 결합하려 하고, 소수성 부분은 실뭉치 안쪽으로 자기들끼리 뭉쳐서 물을 피하려고 한다. 이런저런 힘들이 작용하여 단백질은 보통 말려진 형태(folding)로 있으며, 단백질이 펼쳐진 형태(unfolding)를 흔히 '변성된 상태'라고 한다. 그리고 단백질이 어떤 형태인가에 따라 그 특성이 달라진다.

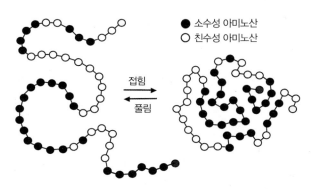

그림 63 아미노산의 특성에 따른 단백질의 접힘

아미노산의 특성이 단백질의 형태와 특성을 결정한다. 예를 들어 시스테인은 티올기(-SH)가 있어서, 시스테인을 포함하여 접힌 단백질에 독특한 특성을 부여한다. 티올기에 있는 황(S)이 다른 황과 S-S(디설파이드) 결합을 하여 단단한 구조를 만든다. 티올기의 수소이온은 붙었다 떨어졌다를 반복하므로 단백질에 산화·환원력이 생긴다. 티올기는 다른 금속과 결합하는 능력도 강해서, 효소 중에는 시스테인을 이용하여 아연, 구리, 철과 결합한 것이 많다. 시스테인은 보통 친수성 아미노산으로 분류되지만 친수성이 그리 크지 않아서 비극성 아미노산과도 잘 어울린다. 이런 성질이 단백질 내에서 S-S 결합을 용이하게 한다. S-S 결합은 단백질 구조를 단단하게 하고 분해 저항성을 부여한다. 하지만 조건만 맞으면 이 결합은 다시 분해되어 원래의 티올기가 된다. 대부분의 세포 안에서 S-S 결합은 그렇게 강력하지는 않기 때문에 분해와 결합이 반복된다.

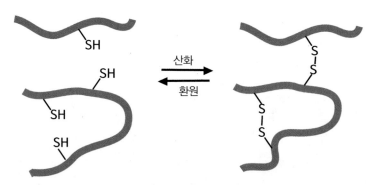

그림 64 단백질에서의 S-S 결합. 티올기가 S-S 결합을 하면 수소이온을 제공하므로 단백질에 환원력이 생긴다. 반대로 이 결합이 다시 분해되면 수소이온을 가져오므로 단백질에 산화력이 생긴다.

다양한 아미노산 덕분에

다양한 효소를 만들 수 있다 ⁓⁓⁓⁓ 단백질은 각자 고유의 형태가

있다. 그리고 항상 꿈틀거린다. 단백질은 이온을 통과시키는 통로일
수도 있고, 분자를 감각하는 수용체일 수도 있고, 기질과 결합하여 기
질의 형태를 바꾸는 효소일 수도 있다. 우리 몸에는 매우 다양한 효소
가 있다. 2만 종의 유전자 중에 통상 3분의 1 정도가 효소를 만드는
유전자라고 한다. 그러면 우리 몸에는 약 7000여 종의 효소가 존재할
수 있으며, 지금까지 밝혀진 효소만 2500여 종이다. 인간을 포함하여
모든 생물이 만드는 분자의 종류가 3000만 종이 넘는다고 하니, 세상
에는 그만큼 다양한 효소가 있어야 한다. 그래서 효소의 이름을 붙이
기도 만만치 않다. 보통 효소의 이름은 작용하는 기질의 끝에 '-아제
(-ase)' 또는 '-인(-in)'이라는 말을 붙여 만든다. 맥아당(말토스)을 분
해하는 효소를 '말타아제(maltase)'로 명명하는 식이다.

효소는 1833년 프랑스 화학자 앙셀름 파앵(Anselme Payen)과 장
프랑수아 페르소(Jean François Persoz)에 의해 처음 발견되었다. 맥
아의 추출액에서 녹말의 분해를 촉진하는 인자를 발견한 것이다.
1926년 화학자 제임스 B. 섬너(James B. Sumner)에 의해 그 물질(인
자)이 단백질로 밝혀진다. 이전까지는 생명의 신비한 작용이라고 여
겨졌던 유기물의 분해와 합성이 한낱(?) 단백질의 작용이라는 사실이
밝혀진 것이다.

효소는 단백질로 만들어진 촉매라고 할 수 있다. 우리 몸에서 어떤
화학반응이 우연히 일어날 수도 있지만, 그 확률은 매우 낮다. 그런데
적합한 효소가 있으면, 그 반응이 일어날 확률이 100만 배 높아진다

(효소별로 확률이 높아지는 정도의 차이는 심하다). 효소는 자신은 변하지 않지만 반응의 활성화 에너지를 낮추어 반응속도를 비할 데 없이 빠르게 해준다. 효소의 동작은 펨토(femto)초 단위로 일어난다. 펨토초는 1000조분의 1초다. 1펨토초는 빛도 고작 0.3마이크로미터를 움직일 정도로 짧은 시간인데, 미시 세계에서는 기본 시간 단위다. 광합성이 일어날 때 엽록소 분자가 에너지를 전달하는 시간은 약 350펨토초다. 그 짧은 시간에 식물은 빛을 받아 포도당으로 바꾼 뒤 저장한다. 효소가 유기물에 산소를 붙이는 시간은 약 150펨토초다. 효소가 없으면 모든 생명현상은 100만 배 느려진다. 효소가 없었다면, 인간의 진화는커녕 생명의 탄생조차도 쉽지 않았을 것이다.

효소는 한 가지 반응 또는 극히 유사한 몇 가지 반응에만 선택적으로 작용하는 특이성이 있다. 효소와 기질의 관계는 마치 자물쇠와 열쇠의 관계와 같아서 입체적 형태가 꼭 들어맞는 것끼리 결합하기 때문이다. 사실 효소뿐만 아니라 각종 수용체도 꼭 들어맞는 물질과 결합하고 이온 채널도 딱 맞는 이온만 통과하므로, 그 특이성은 단백질

그림 65 효소의 다양성은 크기가 서로 다른 다양한 공구에 비유할 수 있다.

분류	성질
작용 특이성	하나의 효소는 하나의 화학반응에 작용. 부반응이나 부산물이 없다
기질 특이성	효소의 반응 부위와 기질은 상보적으로 결합한다
입체 특이성	입체이성체가 있으면 어느 한쪽에만 작용한다
광학 특이성	광학이성체 D−형과 L−형 중 어느 한쪽에 작용한다

표 15 효소의 특이성

공통의 성질이라고 할 수 있다.

효소를 기능에 따라서 6가지로 분류하기도 한다. 산화환원효소(oxidoreductase), 전이효소(transferase), 이성화효소(isomerase), 가수분해효소(hydrolase), 리아제(lyases), 리가아제(ligase)다. 효소의 종류가 많은 이유는 개별 효소가 특정 물질에만 매우 특이적(제한적)으로 작용하기 때문이다. 만약에 효소가 멍키스패너처럼 기질을 붙잡는 크기를 조절할 수 있었다면, 하나의 효소가 여러 크기의 분자에 작용할 수 있었을 것이다. 하지만 효소는 그렇게 조절할 수 있는 지능(?)이 없어서, 일반 스패너처럼 각자에게 꼭 맞는 형태에만 작용한다. 물론 효소는 스패너와는 비교할 수 없이 까다롭다. 까다로운 특이성이 없이 효소가 아무 것에나 작용한다면, 생명현상은 방향성이 없이 뒤죽박죽 엉망이 되어버릴 것이다.

세포호흡 과정에서 탄소 수가 6개인 포도당을 3개인 피루브산으로 분해하는 일은 분자식으로만 보면 간단해보이지만, 실제로는 관여하는 효소가 매우 특이적이라 무려 10단계나 거친다.* 10가지의 효소가

---

* $C_6H_{12}O_6$(포도당) → $2C_3H_4O_3$(피루브산) + $2H_2$. 분자식으로만 보면, 그저 수소 몇 개를 떼고 포도당을 절반으로 나누어 피루브산이 되는 것으로 보인다. 하지만 실제로 일어나는 분해 과정은 매우 복잡하다.

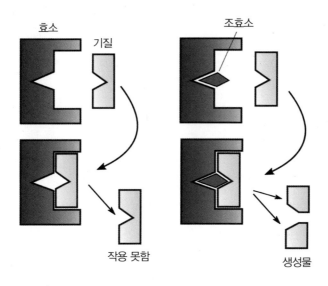

효소　　　　기질　　　　조효소

작용 못함　　　　　　　생성물

그림 66 주효소와 조효소의 작용. 조효소는 비타민 등의 유기물로 이루어진 보조인자로, 주효소에 비해 작고 대체로 열에 강한 편이다. 특이성이 없어서 여러 가지 주효소에 작용할 수 있으며, 주효소에 결합했다가 반응이 끝나면 떨어져 나온다.

필요하다는 이야기다. 우리가 조각도 하나로 나무를 깎아 원하는 형태를 만들 듯이 효소 하나가 분자를 차근차근 원하는 형태로 변형시킬 수 있다면, 우리 몸에 필요한 효소는 몇 가지 되지 않았을 것이다. 하지만 효소는 만능 조각도가 아니다. 대부분 딱 한 가지 정해진 형태의 분자 일부를 딱 한 단계 변형시킨다. 그리고 효소를 이루는 분자는 아미노산이다. 아미노산만 해도 꽤 큰 분자인데, 그런 분자가 원자 단위로 정교하게 조각하기를 기대하기는 힘들다. 아무리 결합 부위를 정교하게 만들어도 너무 작은 분자는 다루기 힘들고, 적당한 크기의 분자를 잘 다룬다.

많은 효소는 단백질만으로 되어 있지만, 일부 효소들은 단백질 외

비타민B군	B₁ 티아민	B₂ 리보플래빈		B₃ 아니아신		B₅ 판토덴	B₆ 피리독신	B₇ 바이오틴	B₉ 엽산	B₁₂ 코발아민
조효소	TPP	FAD	FMN	NAD	NADP	CoA	PLP	Biotin	TMP	B₁₂
단백질대사				●			●		●	●
탄수↔단백							●			
탄수화물 대사	●	●	●	●		●				●
단백↔지방					●			●		
지방대사		●	●	●		●				●

표 16 비타민B군과 물질대사. 비타민B는 조효소 형태로 변환되어 보조인자로 사용된다. 비타민B₁은 티아민 피로인산(thiamin pyrophosphate; TPP)의 형태로 변환되어 주로 탄수화물대사에 조효소로 작용한다.

에 다른 물질이 있어야 활성화된다. 효소의 단백질 부분을 주효소라고 하고 효소의 작용을 도와주는 비단백질 부분을 조효소(보조인자)라고 하는데, 일부 비타민과 미네랄이 조효소로 작용한다. 비타민B군(群)은 주로 탄수화물, 단백질, 지방의 대사에 쓰이는 조효소이며, 비타민C는 콜라겐 합성에 필요한 라이신과 프롤린의 하이드록시화를 도와준다. 비타민A(레티날)는 망막에 있는 단백질 수용체인 로돕신의 작동을 도와 시각에 도움이 된다. 미네랄을 함유한 효소는 다양하다. 지금까지 확인된 바로는 아연을 함유한 효소는 28종, 마그네슘은 7종, 망간은 26종, 몰리브덴은 7종, 구리는 21종, 철은 79종, 황은 9종 등이 있다.

대표적인 단백질

몇 가지 ﹏﹏﹏﹏ 단백질의 종류는 워낙 다양하지만, 대표적인 것 몇 가지만 제대로 이해해도 그 중요성을 충분히 이해할 수 있을 것 같다. 여기서는 우리 몸에서 중요한 몇 가지 효소와 수용체 등을 좀 더 알아 보고자 한다.

◈ ATP 합성효소

1960년대에 매사추세츠 종합병원에서 근무하던 의학자 모란 (Humberto Fernández-Morán) 박사가 미토콘드리아의 내막에 덕지덕지 붙어 있는 둥그런 물질을 처음 발견했다. 그리고 몇 년 뒤에 코넬대학 의 생화학자 래커(Efraim Racker) 박사가 이 물질을 세포막으로부터 분리하는 데에 성공했고, 이 물질의 정체는 ATP을 가수분해하는 효 소라는 것을 밝혀냈다. 생물학자들은 ATP를 생성하는 미토콘드리아 에 왜 ATP를 분해하는 효소가 있는지 의문이 들었다. 이 의문을 해결 할 힌트는 비슷한 시기에 연구된 나트륨펌프(효소, Na^+/K^--ATPase)에 있었다. 세포막에 붙어 있는 이 효소는 몸 안에서 ATP 하나를 소모하 여, 나트륨 이온 3개를 세포 밖으로 내보내는 동시에 칼륨 이온 2개 를 세포 안으로 들여온다. ATP 분자 하나로 5개의 미네랄을 처리하 니 나름 굉장히 효율적인 장치다.

그런데 연구자들이 인위적으로 세포 안팎의 이온 농도를 거꾸로 해서 세포 바깥은 나트륨 이온 농도를, 세포 안은 칼륨 이온의 농도 를 증가시켰더니, 반대로 ATP가 만들어지는 현상이 발생했다. 즉, 효 소가 처한 조건에 따라 작용하는 방향이 뒤바뀔 수 있다는 사실을 알아낸 것이다. 이를 바탕으로 래커 박사는, 미토콘드리아의 ATP 가수분해효소 역시 수소이온의 농도 차이에 따라 ATP를 합성하는 역할을 할 수도 있다는 사실을 알아냈다. 이 효소는 세포 바깥의 수소이온 농도에 따라 ATP를 ADP로 분해(ATP 가수분해효소)할 수도, ADP를 ATP로 합성(ATP 합성효소)할 수도 있었던 것이다.

ATP 합성효소의 구체적 기작은 1979년 UCLA의 폴 보이어 교수가 좀 더 구체적으로 밝혀냈다. 그 기작은 다음과 같다.

① 세포 안에서 ADP가 ATP로 전환되는 데에 필요한 에너지는 1몰당 7.3킬로칼로리다. 그런데 ATP 합성효소의 베타(β) 서브유닛(그림 67)에서는 그 에너지가 거의 0에 가깝다. 그래서 ATP의 합성이 자동으로 일어난다. 식물이 광합성을 할 때 물이 분해되어 산소와 수소이온이 다량으로 만들어지는데, 이렇게 세포 안에 많이 만들어진 수소이온은 농도 차이에 의해 ATP 합성효소를 통과하여 세포 밖으로 이동한다. 이때 ATP 합성효소는 1회전을 하고, 자동으로 합성된 ATP가 그 회전력을 이용하여 효소에서 떨어져 나온다.

② ATP 합성효소는 3개의 알파(α) 서브유닛과 3개의 베타 서브유닛으로 구성되며, 베타 서브유닛은 각각 차례대로 L, T, O 형태가 되면서 기질과 생성 물질에 대한 친화력이 달라진다. L(loose) 형태에서는 ADP와 인산기가 약하게 결합한다. T(tight) 형태에서는 ADP와 인산기가 강하게 결합한다. 즉, ATP가 만들어진다. 그리고 마지막으로 O(open) 형태가 되면 완성된 ATP를 놓아준다.

③ ATP 합성효소의 일부분이 모터가 돌듯이 회전하여 반응 부위가 L, T, O 형태로 바뀌면서 ATP가 생성된다. 세포 안팎의 수소이온

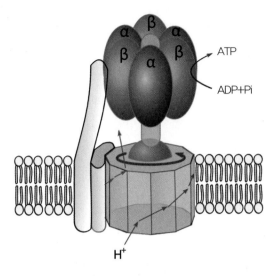

그림 67 ATP 합성효소. 수소이온이 효소를 한 바퀴 회전시키면 베타 서브유닛에서 ATP가 만들어진다.(출처: 위키피디아)

농도 차이에 의해 이동하는 수소이온이 효소를 360도 돌릴 때마다 ATP가 3개씩 만들어진다.

ATP 합성효소의 작동 원리를 정확히 이해하기는 쉽지 않은데, 하물며 이렇게 고효율로 에너지를 생산하는 장치를 인공적으로 만들어내기란 더더욱 어렵다. 수소이온 하나당 무려 3개의 ATP를 만들어내는 장치를, 20가지 아미노산을 이용하여 10나노미터도 안 되는 작은 크기로 만드는 것은 현대의 기술로도 불가능하다. ATP 합성효소의 구조는 너무나도 정교하고 정밀하다. 인간이 지금 기술로 재현조차 하기 힘든 이 효소가, 자연에서는 벌써 40억 년 전에 만들어졌다.

우리 몸은 매일 50~60킬로그램 정도의 ATP를 소비한다. 만약에 이런 고효율 효소가 없어 우리 몸에서 ATP가 수소이온 1개당 3개가 아닌 2개만 만들어졌더라면, 우리는 원래보다 30퍼센트를 더 먹어야 살아갈 수 있었을 것이다. 굶어죽는 경우가 태반이었던 과거에 이보다 큰 재앙도 드물었을 것이다. 한편 ATP 합성효소가 엄청난 효율로 작동하는 동안에 나오는 수소이온을 처리하기 위해, 동물은 유산소 호흡을 하기 시작했다. 이 때문에 활성산소가 만들어졌으니, 이 효소는 동물의 생로병사에 가장 막대한 영향을 미친 효소라고 할 수 있다.

◈ 루비스코, 광합성(이산화탄소 고정)의 핵심 효소

식물에서 빛을 이용하여 광합성을 수행하는 엽록체도, 물을 분해하여 얻은 수소이온으로 ATP를 생성하는 발전소다. 이렇게 만들어진 ATP와 수소이온을 가지고 암반응(dark reaction, 캘빈회로[Calvin cycle]라고도 한다)을 통해 포도당과 같은 유기화합물을 합성한다(탄소고정). 암반응의 핵심은 5탄당인 RuBP(ribulose 1,5-bisphosphate, 그림 68 참고)에 이산화탄소를 결합하여 2개의 3탄당을 만드는 일이다. 이 반응은 쉽게 일어나지 않으며, 이를 담당하는 효소인 루비스코(rubisco)는 초당 2~3회라는 느린 속도로 작동한다. 초당 1600만 번 작동하는 효소도 있는 것을 떠올리면, 루비스코의 작동은 매우 느린 편이다. 따라서 충분한 양의 탄소를 고정하기 위해, 식물에는 많은 양의 루비스코가 필요하다. 루비스코는 지구상 모든 생명체의 단백질 중에서 압도적으로 많은 단백질로, 이것에 비견될 만큼 양이 많은 단백질은 콜라겐밖에 없다.

간단하게 보면, 광합성이란 물과 이산화탄소로 포도당을 만드는 일이다. 이산화탄소($O=C=O$)에서 산소를 하나 제거하고($-C-O-$), 물에 있던 수소이온을 2개를 붙인 다음(H-C-O-H) 이것을 6개 결합하면 포도당($C_6H_{12}O_6$)이 된다. 물론 실제 광합성은 이렇게 간단하지 않다. 적당히 큰 탄소 원자 5개로 이루어진 적당히 큰 분자 RuBP에 이산화탄소를 결합시키는 건 가능해도, 이산화탄소에서 산소 하나를 떼어내고 거기에 수소이온을 붙이는 일은 할 수 없다. 효소가 수소와 같은 작은 원자를 조작하기는 힘들기 때문이다. 질소 분자에 수소를 붙이는 질소고정이 생명에서 가장 어려운 반응이라는 점을 생각해보면, 그 어려움을 짐작할 수 있을 것이다.

효소를 이용해 RuBP에 탄소를 붙이면 포도당과 같은 6탄당이 되

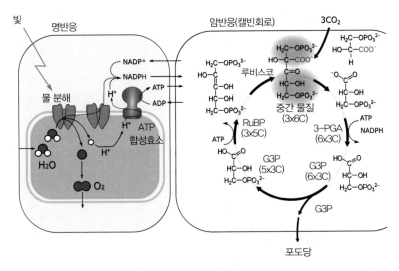

그림 68 전체적인 광합성 과정. 광합성은 크게 명반응과 암반응으로 나뉜다. 명반응에서는 빛을 받아 결과적으로 ATP와 NADPH가 만들어지며, 암반응에서는 명반응의 생성물을 이용해 포도당을 합성한다. 5탄당(5C) RuBP 3개와 이산화탄소 분자 3개가 결합하여 6탄당(6C)인 중간 물질이 만들어지고 이는 3탄당(3C)인 3-PGA(3-phosphoglyceric acid) 6개로 분해된다. 이후 ATP와 NADPH에 의해 3-PGA는 6개의 G3P(glyceraldehyde 3-phosphate)로 변환되며, 그중에서 1개는 포도당으로 만들어지고 나머지는 다시 RuBP로 만들어져서 회로를 순환한다.

므로 포도당이 쉽게 만들어질 것 같지만, 실제 반응은 매우 복잡하다. 암반응에서 계속 포도당을 만들면서 또 다른 RuBP를 동시에 만들어야 하기 때문이다. 그래서 생각보다 많은 분자가 동시에 관여한다.

◈ GPCR, 감각 수용체

동물은 예리한 후각을 갖고 있다. 뇌에서 냄새를 감각하는 역할을 맡은 부분이 3분의 2를 차지하는 상어가 1킬로미터 밖에서 피 한 방울의 냄새를 맡을 수 있다는 이야기는 유명하다. 후각을 이용해서 길을 찾는 동물의 이야기도 매우 유명하다. 해마다 세계 전역의 해안을 따라 강어귀로 몰려드는 수백 마리의 연어떼는 태어난 곳의 물 냄새를 기억하고 고향으로 다시 돌아온다. 곰은 20킬로미터 밖에 있는 죽은 동물의 냄새를 맡을 수 있고, 나방은 10킬로미터 떨어진 곳에 있는 짝의 냄새를 감지할 수 있다. 인간의 후각도 만만치 않다. 감도는 뛰어나지 않지만 분별력은 뛰어나서 1조~10조 가지 냄새를 구분할 수 있다.

이런 후각 능력은 후각 수용체 덕분이다. 후각 수용체는 세포막에 존재한다. 신호 물질은 세포 안으로 들어오지 않고 이 수용체에 일시적으로 결합하며, 수용체는 그 정보를 세포 안으로 전달한다. 후각 수용체는 세포막을 7번 통과하면서 원형으로 모인 단백질이다(그림 69). 7번 통과하면서 아미노산의 배열에 따라 특별한 형태를 만들어 세포 바깥의 자극을 감지한다. 이러한 감각 수용체를 G수용체(G protein coupled receptor; GPCR)라고 한다.

인간에게는 무려 800종이나 되는 G수용체가 있다. 우리가 빛, 맛,

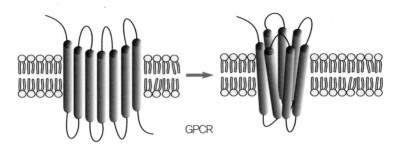

GPCR

그림 69 G수용체의 일반적인 모습(출처: 위키피디아)

냄새 등을 감지하고 도파민, 세로토닌 등 신경전달물질과 호르몬에 반응할 수 있는 것은 동일한 구조의 G수용체 덕분이다. 뇌의 수용체 중에도 G수용체가 많고, 혈압, 심장박동, 소화, 포만감 등을 감각하는 자율신경에도 G수용체가 많다. 그래서 신약을 개발할 때는 G수용체에 작용하는 것을 만드는 경우가 많다. 우리 몸에서 가장 중요한 감각 수용체인데, 수많은 G수용체 중에서 절반인 400개 정도가 후각에 쓰인다.

 G수용체는 크기가 별로 크지 않은 단백질이다. 세포 이중막의 두께가 4나노미터인데, G수용체의 크기는 보통 10나노미터 이하이다. 작지만 매우 다양하고 정교하여 수천~수만 가지 물질 중 약속된 물질과 정확하게 결합한다. 코끼리는 후각 수용체가 무려 2000종인데, 고작 (?) 20가지 아미노산으로 크기가 작으면서 형태가 구별되는 2000가지 수용체를 만드는 것은 결코 쉬운 일이 아니다.

 G수용체로 빛도 감지할 수 있다. 그런데 일정 크기가 있는 분자를 감지하는 G수용체가 크기도 형태도 없는 전자기파(광자)인 빛을 감지

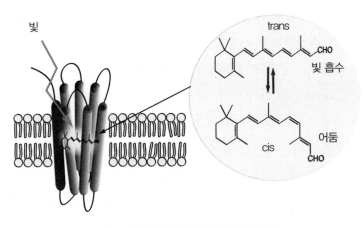

그림 70 G수용체와 레티날을 이용한 빛의 감각

한다는 말은 터무니없어 보인다. 하지만 사실이다. 물론 여기에는 특별한 트릭이 필요하다.

눈에 있는 시각 수용체를 로돕신이라고 하는데, 이것은 G수용체의 일종인 옵신과 비타민A에서 유래한 분자인 레티날이 결합한 것이다. G수용체로 빛을 감지할 수 있는 것은 바로 레티날의 '광이성화(photoisomerization)' 능력 덕분이다. 광이성화란 빛에 의해 분자의 형태가 변하는(이성화되는) 현상이다. 레티날은 어두운 상태에서는 꺾인 형태(시스, cis)로 존재하지만, 빛을 흡수하면 직선 형태(트랜스, trans)가 된다. 그리고 옵신이 이렇게 결합한 형태의 변화를 이용하여 빛을 감지한다. 레티날은 비타민A로 만들어지기 때문에, 몸에 비타민A가 부족하면 시력에 문제가 생긴다.

◆ 면역력은 단백질의 형태 감각 능력이다

과거에는 지금과는 비교가 안 될 만큼 위생이 열악해서, 세균이나 기생충 감염이 빈번했다. 항생제가 없던 시절에 그것들과 싸울 유일한 수단은 내 몸 안에 있는 면역 시스템이었다. 그런데 세균의 종류가 그 수를 헤아릴 수 없을 정도로 많은 반면, 그것에 대항할 면역 단백질을 만들어낼 수 있는 인간의 유전자는 고작 2만 1000개 정도다. 다양한 세균에 대응할 면역 유전자는 턱없이 부족해 보인다. 우리 몸에서는 그 다양한 병원체들에 어떻게 대항하는 것일까?

면역글로불린G(immunoglobulin G; IgG)는 여러 면역 단백질 중 하나다. 면역글로불린G는 L(light)사슬과 H(heavy)사슬을 각각 2개씩 가지며, 이 사슬들은 C(constant, 불변)부위와 V(variable, 가변)부위를 가지고 있다. C부위는 면역 단백질의 공통적인 부분이고, V부위는 다양한 항원을 인식하고 결합하는 역할을 맡는다. L사슬에는 V부위를

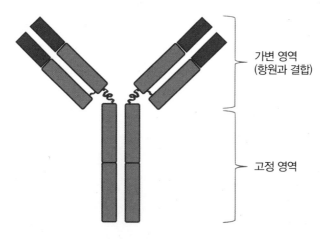

가변 영역
(항원과 결합)

고정 영역

그림 71 면역글로불린G의 구조

만드는 유전자가 300가지 있다. 여기에 J(joining)유전자와의 조합 등을 통해 3000가지의 가변부위가 만들어진다. 그리고 H사슬에는 약 5000개의 V부위가 있으므로, 약 1500만 종의 면역글로불린G가 만들어질 수 있다. 실제로는 면역 유전자 재조합에 의해 이보다 훨씬 다양한 면역 단백질이 만들어진다.

사실 이렇게 만들어진 다양한 형태가 반드시 바람직한 것은 아니다. 면역의 핵심은 내 몸의 세포나 내 몸에 필요한 성분에는 반응하지 말아야 한다는 점이다. 하지만 면역세포에 어떤 물질이 내 몸에 필요한지 아닌지를 판단할 수 있는 눈이나 코가 있는 것은 아니고, 있는 것이라고는 그저 면역 단백질이라는 더듬이뿐이다. 마치 맹인이 코끼리를 더듬듯이 면역세포는 그 더듬이로 어떤 물질이 내 몸의 세포인지 외부 물질인지를 파악하니, 명확한 구분이 쉽지 않다. 실수로 면역세포가 내 몸에 과도하게 반응해 공격하면 자가면역질환이고, 위험하지 않거나 심지어 내 몸에 필요한 물질에 과도하게 반응하면 알레르기다.

면역세포는 설계도에 따라 정밀하게 만들어지는 게 아니라 다양한 형태로 랜덤하게 만들어진다. 그 다양한 형태 중에서는 내 몸에 반응하는 것 또한 존재한다. 다행히도 이렇게 만들어져서 바로 쓰이지는 않고, '가슴샘'이라고도 불리는 면역의 중추적인 기관인 흉선에서 검증을 거친다. 자기 몸에 반응하는 면역세포는 흉선에서 분해되고, 반응하지 않는 것만 살아남는다. 하지만 흉선의 검증은 그렇게 정밀하지 않아서 우연이 개입할 가능성이 있다. 과거에는 이런 정도의 정밀성으로도 면역 시스템이 훌륭하게 잘 작동했는데, 요즘은 오히려 위생이 너무나 좋아져서 원래의 할 일이 사라진 면역 시스템이 많은 부작용을 일으키고 있다. 자가면역질환과 알레르기 환자가 갈수록 증가하는 것이다. 알레르기 원인 물질은 주로 단백질이다. 그리고 그것을 감각하는 것도 단백질이다.

◈ 운동하는 단백질, 액틴과 미오신이 동물을 동작하게 한다

동물은 움직이는 생명체이고, 우리가 움직일 수 있는 것은 근육이라는 단백질 덕분이다. 눈에 보이는 신체 부위뿐만 아니라 심장과 폐도 근육 덕분에 쉬지 않고 운동한다. 근육은 액틴과 미오신이라는 세포골격 섬유로 이루어졌다. 액틴은 직경이 8나노미터 정도로, 세포골격 섬유 중 가장 가늘어서 '미세섬유'라고도 부른다. 미오신은 두 개의 머리와 두 개의 꼬리 부분을 가지고 있다. 미오신의 머리 부분이 액틴과 결합한 후 ATP의 에너지로 이 부분이 이동하면 근육이 수축된다.

근육은 액틴과 미오신으로 이루어져 항상 동일한 장소에서 동일한 운동을 하지만, 액틴은 혼자서도 자유롭게 운동할 수 있다. 근육이 없는 미생물도 세포 내 액틴의 다이내믹한 이합집산 덕분에 잘 움직일 수 있다. 액틴은 생명현상에서 대단히 중요한 단백질로, 세포의 이동뿐만 아니라 세포 모양의 유지, 세포극성, 조직의 재생, 혈관의 형성, 병원균과 숙주세포의 결합 등과도 밀접한 관계가 있다. 심지어 기억을 강화하는 시냅스의 운동도 액틴에 의해 일어난다.

근육의 움직임에 가장 큰 영향을 미치는 미네랄은 바로 칼슘(Ca^{2+})이다. 칼슘 이온은 2가 이온으로 단백질의 음전하 부위를 붙잡는 능력이 있어서 근육을 수축시킨다.

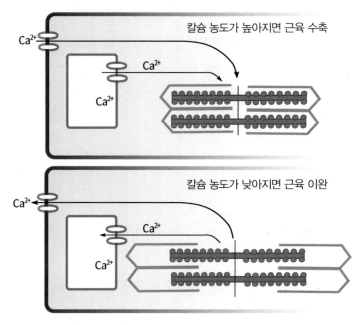

그림 72 칼슘 농도에 따른 근육의 수축과 이완

칼슘의 주된 역할이 뼈를 만드는 것이라는 생각도 알고 보면 착각이다. 물론 우리 몸속 칼슘의 99퍼센트가 뼈에 있고 1퍼센트만 체액에 녹아 있지만, 실제 중요한 기능은 이 1퍼센트의 칼슘이 수행한다. 신경전달, 골격근·심근·평활근 등 다양한 근육의 수축, 신경세포의 축삭에 있는 물질 수송, 원형질유동, 외포·내포작용, 세포의 변형, 세포분열 등등, 칼슘은 다양한 생명현상에 관여한다. 칼슘이 없으면 생명현상 자체가 일어나지 않을 것이다. 이렇듯 아주 중요한 미네랄이지만, 쉽게 흡수할 수는 없다. 그래서 우리 몸은 칼슘을 뼈의 형태로 비축하는 전략을 사용한다고 해석할 수 있다.

그리고 칼슘과 가장 밀접하게 상호작용하는 것이 인(인산)이다. 칼숨이 근육을 수축시킨다면, 인은 근육을 이완시킨다. 그리고 ATP의 인산은 단백질에 붙었다 떨어졌다를 반복하며, 단백질의 형태 변화에 따라 다양한 생명활동이 조절된다.

◈

음식의 역할은 우리에게 에너지와 부품을 제공하는 것이다. 그리고 우리 몸의 부품 중에서 가장 중요한 분자는 단백질이다. 그런데 음식을 먹는 일에도 결정적인 부작용이 있다. 어디에나 항상 효능과 부작용, 빛과 그림자가 함께 있는 것이다. 다음 장에서는 음식을 섭취하면 필연적으로 따라오는 부작용이 무엇인지 알아보고자 한다.

제6장

음식의 덫, 질병과 노화

무병장수는 인간이
풀지 못한 꿈 ◇◇◇◇◇

인간의 신체는 약한 편이다. 그래도 큰 뇌를 효과적으로 활용한 덕분에 지구 역사상 가장 강력한 존재가 되었다. 지금 지구상에서 눈에 보이는 큰 동물은, 인간과 가축이 90퍼센트나 된다고 한다. 호랑이와 사자 같은 야생동물은 주로 동물원에나 있으며, 정말로 야생에 있는 것은 지구 전체를 둘러봐도 몇만 마리밖에 되지 않는다. 반면에 인간은 무려 60억 명이 넘는다.

그런 인간이 오랫동안 꿈꾸었지만 이루지 못한 것이 있다. 바로 불로장생의 꿈이다. 불로장생은 과거 진시황의 꿈이었고 지금도 꿈꾸는 사람이 있다. 하지만 장수에 관심을 가진 어떤 사람도 특별히 오래 살지는 못했다. 최근 100년간 인간의 평균수명은 비약적으로 증가했지만, 절대 수명은 요지부동이다. 100세를 누리는 사람은 정말 많이 늘었지만 거의 대부분 115세를 넘기지 못하고 사망했다. 전 세계에서

이름	출생년도	수명	성별	국가
Jeanne Calment	1875	122	여	프랑스
Sarah Knauss	1880	119	여	미국 (펜실베이니아)
Marie-Louise Meilleur	1880	117	여	캐나다
Misao Okawa	1898	117	여	일본
Emma Morano	1899	117	여	이탈리아
Violet Brown	1900	117	여	자메이카
Maria Esther Capovilla	1889	116	여	에콰도르
Elizabeth Bolden	1890	116	여	미국 (테네시)
Besse Cooper	1896	116	여	미국(조지아)
Jiroemon Kimura	1897	116	남	일본
Gertrude Weaver	1898	116	여	미국 (앨라배마)
Jeralean Talley	1899	116	여	미국 (미시시피)
Susannah Mushatt Jones	1899	116	여	미국 (뉴욕)

표 17 115세 이상의 세계 최장수 기록(출처: 위키피디아)

115세를 넘긴 사람은 많지 않으며, 120세를 넘긴 사람은 단 한 명뿐이다(표 17). 절대권력과 금력으로도 노화와 죽음은 피하지 못했다.

음식은 생존의 필수 요소다. 먹어야 살고, 잘 먹어야 잘 산다. 그래서 그런지 사람들은 음식에 매우 관심이 많다. 그래서 또 어떤 음식이 수명을 늘려줄 수 있는지 수많은 연구를 했지만, 별 소용은 없었다. '채소가 좋다', '자연식이 좋다' 등등의 이야기는 많지만, 채식을 고집하는 스님이나 현대 문화를 거부하고 자연의 품에서 전통 방식 그대로 살아가는 사람들이 특별히 더 오래 살지는 않았다. 특별한 장수국가나 장수지역도 없다. 도시 사람이든 시골 사람이든, 요즘은 그냥 선진국에 사는 사람이 오래 산다. '장수마을'이라고 불리는 곳도 있지만, 그 지역 사람들 식단에 특별한 점은 없었다. 몸에 좋은 식품을 연구했다고 특별히 더 오래 사는 것도 아니다. 건강에 대한 특별한 생각 없이 된장국만 먹고 사는 시골 할머니도 건강법과 장수법을 평생 연구한 사람만큼 오래 산다. 그런데 자연에는 장수의 비밀을 완전히 푼 듯한 동물도 많다. 그들이 장수하는 원인을 안다면, 생명현상에 대한 우리의 이해가 조금 더 깊어질 것 같다.

과학자들이 하와이 인근 450미터 바다 속에서 검은산호(Leiopathes glaberrima)를 채취해 방사성 탄소 연대 측정법으로 나이를 조사한 결과, 나이가 4000살이나 된 것으로 확인되었다. 미국 네바다주 사막의 브리슬콘 소나무(bristlecone pine)는 5000년 이상 된 것으로 알려져 있다. 2006년 아이슬란드 연안에서 잡힌 대합조개는 405~410세로 밝혀졌고, 스웨덴 남부의 뱀장어는 155년을 살았다고 한다. 보통은 몸집이 크고 느리게 사는 동물이 장수하는데, 성게처럼 단순한 동물이 오래 살기도 한다. 일반적으로 포유류의 세포는 평생 50회 정도 분열하며, 분열을 거듭할수록 분열 능력이 감소하고 노화하는 것으로 알려져 있다. 그런데 성게는 나이와 무관하게 왕성한 분열 능력과 재생 능력을 계속 유지한다고 한다. 어느 세포에서도 노화의 징후는 없고, 평생 젊고 건강하게 살 수 있는 것이다. 랍스터 역시 나이가 들어도 멈추지 않고 성장하며 건강하다.

'투리토프시스 누트리쿨라(Turritopsis nutricula)'라는 해파리는 이론적으로 무한히 살 수 있다고 한다. 투리토프시스는 카리브해 연안에 서식하는 5밀리미터 크기의 아주 작은 해파리다. 보통 해파리는

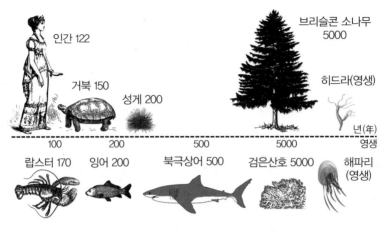

그림 73 장수하는 동물들

번식이 끝난 뒤 죽는 반면, 투리토프시스는 번식 뒤에 나이를 거꾸로 먹는다. 미성숙 상태인 작은 폴립(polyp)으로 돌아간 뒤 다시 성장한다. 몸을 새롭게 만드는 방법으로 영생하는 것이다. 도마뱀처럼 꼬리나 다리 등 신체 일부를 재생하는 동물은 꽤 있지만, 투리토프시스처럼 몸 전체를 재생할 수 있는 동물은 드물다. 홍해파리(베니크라게, ベニクラゲ)도 비슷한 삶을 사는데, 1센티미터 크기의 이 해파리도 노년이 되면 폴립 상태로 되돌아가 세포를 축소시켜서 다시 젊어진 뒤 재탄생한다. 이 과정에 48시간이 걸린다고 한다.

1998년 미국 퍼모나대학 생물학과의 대니얼 E. 마르티네스(Daniel E. Martínez) 교수는 히드라 145마리를 4년 동안 관찰한 결과를 발표했다. 보통 생명은 노화가 진행될수록 사망률이 올라가고 생식력은 떨어지는 반면, 히드라는 사망률도 별로 달라지지 않았고 생식력도 유지되었다. 막스플랑크연구소 연구자들은 좀 더 오랜 시간에 걸쳐 더 많은 개체를 관찰했다. 히드라 두 종류 총 2256마리를 2925일(8년) 동안 관찰하며 사망률과 생식률을 기록한 결과, 히드라는 늙지 않는다는 결론을 얻었다. 실험에서 히드라의 연간 사망률은 평균 0.006퍼센트로, 8년 동안 사망률에 큰 변동이 없었을 뿐 아니라 생식력 역시 변화가 없었다. 이처럼 별로 특별해 보이지 않으면서 장수하는 동물들이 도처에 있다.

해파리나 히드라는 인간과는 많이 다른 생물이므로 그들의 장수를 유별난 현상으로 치부할 수 있지만, 쥐의 경우는 얘기가 또 달라진다. 쥐는 93퍼센트의 유전자가 인간과 일치하고 대사나 노화 과정이 인간과 유사하여, 실험동물로 가장 많이 쓰인다. 그런데 쥐 중에서 30년(인간으로 치면 무려 800년)을 사는 쥐가 있다고 한다. 바로 '벌거숭이두더지쥐'다.

이산화탄소 농도·암모니아 농도·산성도가 높으며 산소는 희박한 땅굴 속에서 이 쥐는 오히려 장수한다. 피부를 염산으로 문질러도 끄떡없고 통증도 느끼지 않는다. 보통 생쥐나 들쥐의 수명이 3년 정도인 데에 비해 이 쥐는 30년 가깝게 산다. 인간의 노화와 장수, 통증과 질병을 연구하는 과학자들의 관심이 이 쥐에 집중되는 까닭이다.

벌거숭이두더지쥐는 자연에서 암에 걸린 개체가 발견된 적이 단 한 번도 없다. 일반적으로 설치류에게 암은 아주 흔한 질병이며, 어떤 종은 암으로 죽는 개체가 90퍼센트에 이를 정도다. 미국 로체스터대학 연구진은 이 쥐의 폐와 피부에 있는 세포가 분열하는 양상을 분석하여 특별한 점을 찾아냈다. 세포가 7~20번 분열했을 때쯤 배양하던 세포들이 동시에 죽어버리는 현상이 발견된 것이다. 세포가 갑자기 늘어나자 이를 암에 의한 이상(異常)증식으로 생각한 세포들이 '인터페론 베타(interferon beta)'라는 자살 호르몬을 일시에 분비하여 집단 자살을 택한 것이다. 인간을 포함한 다세포 동물에는, 어떤 세포에 이상이 생기면 그 세포에 자살 명령을 내리는 인터페론 베타와 같은 신호 물질과 그것을 감지하는 죽음수용체(death receptor)가 있다. 보통 다른 동물들은 이상이 생긴 특정 세포에만 신호를 보내는 반면, 벌거숭이두더지쥐는 그 세포 주변의 모든 세포를 죽여 암세포가 될 모든 싹을 아예 싹둑 잘라버리는 독특한 면역체계를 가진 것으로 연구진은 풀이했다.

일리노이대학의 토머스 파크(Thomas Park) 박사가 이끈 연구진은 벌거숭이두더지쥐를 포함한 여러 쥐들을 무산소실에 넣는 실험을 했다. 다른 쥐들은 1분도 채 안 되어 숨을 거두었지만, 벌거숭이두더지쥐는 그렇지 않았다. 심박동수가 분당 200회에서 50회로 줄어들더니 금세 의식을 잃었지만, 죽은 게 아니었다. 18분이 지난 뒤 일반적인 공기에 노출되자, 벌거숭이두더지쥐는 완전히 회복되어 정상으로 돌아왔다.

2012년에는 산소가 부족한 환경에서도 벌거숭이두더지쥐가 끄떡없는 원인의 일부가 밝혀졌다. 바로 칼슘 차단 능력 덕분이었다. 칼슘은 우리 몸에 필수적인 미네랄이지만, 농도가 너무 높아지면 치명적이다. 뇌에 산소가 고갈되면 뇌세포는 칼슘 유입을 조절하는 능력을 잃고, 세포 안으로 다량의 칼슘이 들어오면서 큰 타격을 받는다. 하지만 벌거숭이두더지쥐는 산소가 희박해도 칼슘 통로를 차단하여 이런 치명적인 손상을 피한다. 인간도 신생아 때는 이런 능력이 있지만 나이가 들면서 없어진다.

대사 속도가 느리다는 점 또한 이 쥐가 장수하는 비결로 보인다. 벌거숭이두더지쥐는 체온이 섭씨 30도로 매우 낮다. 그래서 어떤 학자는 이 쥐를 변온동물(냉혈동물)로 표현할 정도다. 물론 벌거숭이두더지쥐는 포유동물이므로 항온동물이다. 밤낮의 기온차가 큰 사막에서 살아남기 위해, 벌거숭이두더지쥐는 일정한 온도와 습도가 유지되는 땅속을 삶의 본거지로 선택했다. 체온이 낮으면 대사가 줄고, 대사가 줄면 음식을 많이 먹을 필요도 없어져서 음식의 부작용도 적게 생기므로, 오래 살 수 있다.

우리의 질문이 잘못된 것이
아닐까? ⋯⋯ 과거에는 산삼이 불로장생의 명약이었고, 최근에는

비타민, 미네랄, 항산화제 등을 명약이라고 생각하는 사람이 많다. 하지만 그런 것도 너무 많이 먹으면 오히려 건강에 해로운 것으로 밝혀졌다. 우리가 노화와 죽음과 관련된 지금의 한계를 넘어서려면, 가장 근본적인 질문부터 새롭게 해야 할 것 같다. '어떻게 하면 불로장생할 수 있는가'라고 고민하기 이전에 우리는 '죽음이란 무엇인가'를 다시 생각해야 한다.

우리 몸은 잠시도 쉬지 않고 ATP를 소비한다. 그 양이 무려 하루에 50킬로그램 정도다. 이런 ATP를 합성하는 발전소가 미토콘드리아다. 세포 내 미토콘드리아의 수는 상황에 따라 증감하며, 신체가 노화하면 그 수도 줄어든다. 미토콘드리아는 한 개의 세포에 평균 1000개 정도 있으며, 세포 부피의 12~25퍼센트를 차지한다. 미토콘드리아의 수명은 세포와 달리 길지 않아서 10일이 지나면 절반이 죽기 때문에, 항상 새로 만들어져야 한다. 미토콘드리아의 숫자(운명)는 세포의 요구에 따라 달라지며, 역으로 세포의 운명을 좌우하는 힘도 가지고 있다. 미토콘드리아는 세포의 자살 프로그램(아포토시스, apoptosis)을 조정한다.

모든 세포의 내부에는 단백질 분해효소의 일종인 카스파제(caspase)가 있다. 평소에는 불활성 상태로 철저히 통제되어 있지만, 자살 명령을 받아 몇 개만 활성화되어도 상황이 완전히 달라진다. 연쇄반응이 일어나 점점 더 많은 카스파제가 가담하여 서로 작용을 증폭함으로써 세포를 순식간에 죽음으로 몰아간다. 카스파제는 세포의 내부 골격을 해체하고, 핵 속의 단백질을 잘게 자르고, DNA 복구 시스템도 망가뜨린다. 세포는 자살 명령을 받은 지 몇 시간도 채 안 되어 완전히 녹아버리고 대식세포나 주변의 다른 세포에 흡수된다. 세포에는 죽음수용체가 존재하며, 자살 명령에 의해 분비된 호르몬이 이 죽음의 스위치를 누르면 카스파제가 활성화된다.

면역세포도 이런 죽음의 스위치를 사용한다. NK세포(natural killer cell)는 세균이나 암세포 등을 죽이는 핵심 면역세포다. 이 세포에는 특별한 능력이 있다. 표적 세포에 있는 죽음수용체를 눌러 막강한 적을 순식간에 소멸시킨다. 죽음수용체는 일부분이 세포 표면으로 삐죽이 돌출되어 있고 나머지 부분은 세포 내부에 고정되어 있다. NK세포가 이 돌출부를 자극하면, 세포 내부에 화학반응이 연쇄적으로 일어나 카스파제가 범람하게 된다.

왜 다세포생물은 애써 죽음의 스위치를 만들어놓았는가? 우리는 이러한 질문을 해야 장수의 실마리를 찾을 수 있을 것이다. 그리고 그 죽음의 스위치가 작동하지 않아도 또 다른 큰 문제가 발생할 수 있다. 바로 암이다. 암은 손상된 세포가 자살 명령을 받아들이지 않고 버티는 데서 시작된다. 그러니 죽음이란 역동적인 생명현상의 하나로서, 암과 같은 질병을 퇴치하기 위한 생명의 발명품인 것이다.

문제는 결국

활성산소 ∞∞∞∞   지구상 모든 생물의 생명현상은 산화·환원 반응, 즉 전자의 이동(수소이온의 흐름)이다. 수많은 효소 중에서 근본적으로 가장 중요한 것은 산화환원효소다. 생명은 탄소를 뼈대로 만들어진 탄소화합물(유기화합물)이며, 이 뼈대도 이산화탄소의 산화·환원 반응으로 만들어진다. 광합성은 엽록소를 이용해 이산화탄소에 에너지를 비축하는 산화·환원 과정이며, 호흡은 유기화합물에서 전자를 떼어내서 산소로 전달하는 과정이다. 산화·환원 반응으로 생명에 필요한 분자들이 만들어지고 에너지가 만들어지는데, 문제는 이 과정에서 활성산소도 만들어진다는 점이다. 생과 사의 결정적인 장면들은 모두 에너지 흐름과 관련되어 있다.

유산소 호흡에는 왜 산소가 필요할까? 유산소 호흡은 적은 비용으로 많은 에너지를 얻는 방법이며, 산소를 이용해 호흡 과정에서 발생한 수소이온을 매우 효과적으로 제거할 수 있다. 산소를 사용하지 않는 발효로 얻는 에너지는 고작 2ATP지만, 산소를 이용한 산화적인산화, 즉 미토콘드리아의 TCA회로를 거치는 호흡으로는 그것의 15배가 넘는 에너지를 얻을 수 있다. 하지만 효과만큼 부작용도 감수해야 한다. 수소이온을 산소와 결합시키는 과정에서 발생하는 활성산소는 정말 엄청난 산화 스트레스로 작용한다. 산소 덕분에 효율적으로 에너지를 생산하면서 생명은 다양해지고 거대한 몸집을 가진 동물도 생겨났지만, 산소는 큰 짐이기도 한 것이다.

우리는 살기 위해 먹고 마시고 숨 쉬지만, 이 모든 과정에서 활성산소가 만들어진다. 활성산소는 세포에 손상을 입히는 모든 종류의 변형된 산소를 말한다. 과산화수소(H_2O_2), 초과산화 이온(superoxide ion, O^{2-}), 수산화 라디칼(hydroxyl radical, -OH)이 대표적이다. 활성산소를 '자유라디칼'이라고도 하는데, 자유라디칼이란 안정적으로 쌍을 이루지 못한 전자를 포함하는 분자로, 다른 분자들과 반응하려는 경향이 크다. 따라서 대부분 불안정하고 수명이 짧다. 이런 활성산소가 우리 몸에 무조건 해로운 것은 아니다. 수산화 라디칼은 높은 반응성으로 병원체를 공격하므로 살균·소독에 사용된다. 문제는 이것이 우리 몸에 필요한 분자들까지도 무차별 공격할 수 있다는 점이다.

산소가 수소이온과 결합하여 물이 되는 과정의 첫 단계에서는 산소분자(O=O)의 이중결합이 풀려 초과산화 이온이 된다. 그리고 이 분자는 구리, 망간, 아연 등의 금속이온을 포함한 SOD효소(Superoxide dismutase)에 의해 수소이온과 결합하여 과산화수소가 된다. 이어서 과산화수소는 더 강력한 산화력을 지닌 수산화 라디칼이 된다. 수산화 라디칼은 반감기가 매우 짧지만 반응성이 매우 강하기 때문에, 거의 모든 종류의 분자를 공격한다. 다행히도 과산화수소를 안전하게

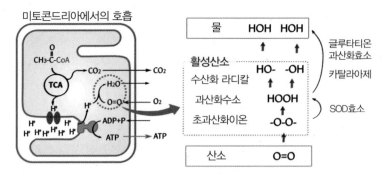

미토콘드리아에서의 호흡

그림 74 활성산소의 생성과 제거

물로 분해하는 효소인 카탈라아제(catalase)가 내 몸 안에 있다. 과산화수소가 이 효소와 만나면 수산화 라디칼이 형성되지 않는다. 카탈라아제와 마찬가지로 몸 안에 있는 글루타티온 과산화효소 역시 글루타티온을 이용하여 과산화수소를 물로 분해한다. 이 효소에는 셀레늄(Se)이 포함되어 있다. 셀레늄은 유리를 탈색하거나 광전지를 만드는 등 산업 현장에서 쓰이는 독성물질이지만, 극미량은 우리 몸에 도움이 된다.

발암물질로 알려진 것들은 대부분 활성산소를 만들어내기 때문에 문제가 된다. 벤조피렌은 발암물질로 유명하다. 그런데 벤조피렌 자체에는 독성이나 발암성이 없다고 한다. 벤조피렌이 내 몸 안에 들어오면 시토크롬 P450이라는 효소에 의해 여러 가지 중간 대사물로 바뀌고, 그중 몇몇 물질이 활성산소를 계속 만들어내는 정말 위험한 분자로 바뀐다. 오염된 옥수수나 견과류 등에서 발견되는 독성물질인 아플라톡신 역시 그 자체는 발암물질이 아닌데, 마찬가지로 시토크롬 P450에 의해 발암물질로 바뀐다. 최근 커피나 감자튀김 등의 음식에서 검출되어 논란이 된 아크릴아마이드 역시 똑같은 원리로 작용한다. 시토크롬 P450은 우리 몸 물질대사의 80퍼센트 이상에 관여할 만큼 중심이 되는 효소지만, 그만큼 독성이 있는 중간 대사물도 많이 만들어낸다.

강력한 제초제인 그라목손(파라쿼트)은 활성산소를 폭발적으로 만들어 식물을 고사시키는 약품이다. 활성산소를 만들어내는 산화제는 다른 것도 많지만, 그라목손은 한번 산화제로 작용한 뒤 다시 원래대로 돌아와 무한히 활성산소를 만들어낼 수 있어서 악명이 높다. 잡초(식물)를 없애는 데에 쓰이는 그라목손은 물론 동물에게도 인간에게도 해롭다. 이 농약에 중독된 사람을 치료할 방법은 아직 없다고 한다. 오늘날 각종 광고에서 그렇게 많은 항산화제와 항산화 식품을 자랑하지만, 그라목손을 이길 항산화제는 없다.

그라목손 중독자에게는 시스테인을 보충하여 몸에서 글루타티온을 합성하도록 하는 게 그나마 약간 효과가 있다고 한다. 글루타티온은 자신이 산화되면서 다른 분자를 보호하며, 우리 몸에서 항산화제, 항독소제, 항암제, 항돌연변이제로 작용한다. 활성산소를 줄여 유전자를 보호하고 심장 질환과 암을 억제하며, 콜레스테롤 산화 방지, 시력 감퇴 개선, 피부문제 개선 등 다양한 기능을 한다. 림프구 등 면역세포에도 많이 포함되어 면역 기능을 활성화하는 데에 중요한 영양소다. 그리고 글루타티온과 시스테인은 자동차 매연에 의한 폐포의 염증을 중화·해독하는 효과가 있다.

활성산소가 이처럼 백해무익해 보이지만, 그것이 전혀 없어도 우리 몸에 문제가 생긴다. 활성산소가 몸에 좋은 스트레스(eustress)를 줄

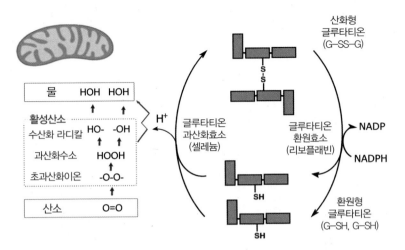

그림 75 글루타티온의 항산화 작용. 산화 형태의 글루타티온(G–SS–G)은 NADPH로부터 수소이온을 받아 환원 형태의 글루타티온(G–SH)이 된다. 이때 글루타티온 환원효소(glutathione reductase)가 사용되며 리보플래빈(비타민B₂)은 조효소로 작용한다. 글루타티온 과산화효소는 환원 형태의 글루타티온을 다시 산화 형태로 바꾸며, 여기서 나온 수소이온으로 활성산소를 제거한다.

수도 있기 때문이다. 채소가 몸에 좋은 이유는 채소에 많은 파이토케미컬(phytochemical)이 항산화 작용을 하기 때문이라는 이야기가 많았다. 식물(phyto)은 수천 가지 화학물질(chemical)을 만드는데, 그중에 항산화제로 쓰일 만한 유용한 성분이 있다는 것이다. 하지만 실제로 그런 성분이 우리 몸에서 의미 있는 항산화 작용을 하려면 평소보다 수백~수천 배를 더 먹어야 한다. 그래서 요즘은, 파이토케미컬이 좋은 스트레스를 주기 때문에 채소가 몸에 좋다고 말하기도 한다. 파이토케미컬의 상당히 많은 성분이 산화 스트레스를 일으키거나 DNA에 돌연변이를 일으키는 위험한 성분인데, 그 성분들이 미량이라면 오히려 몸에 좋은 작용을 한다는 주장이다. 많은 양의 일산화탄소는 호흡을 마비시키는 치명적인 독이지만 적은 양이면 폐 기능을 향상시키는 것과 같은 원리다.

독성물질의 이런 작용을 호르메시스(hormesis)라고 한다. 미량의 독소는 단순히 해롭지 않은 정도가 아니라 오히려 건강에 좋을 수도 있다. 여러 실험에서 열 충격, 방사선 조사(照射), 산화 촉진, 음식량의 제한 등 가벼운 스트레스를 주면 건강에 이로운 반응이 나타났다. 운동도 호르메시스의 좋은 예다. 운동을 아주 많이 하는 사람은 매우 높은 산화 스트레스로 인해 해롭지만, 적절한 운동은 몸을 확실히 건강하게 한다. 단식도 그렇다. 식사는 생존에 필수적이지만, 간헐적 단식을 하면 배고픔을 느낀 신체의 여러 방어기제가 활성화되어 건강에 도움이 된다.

방사선은 지극히 위험하지만 저선량의 방사선은 무해하거나 오히려 건강에 도움이 된다는 주장도 있다. 다른 지역보다 자연방사능이 10배 이상 높은 이란의 람사르 지역이나 자연방사능이 높은 브라질의 몇몇 지역에서도 암 발생률은 다른 지역과 다르지 않았다. 방사선이 위험한 이유는 대부분 물 분자가 감마선에 의해 깨져서 불안정한 활성산소가 나오기 때문이다. 그런데 여기서 나오는 활성산소도 소량일 때는, 세포가 글루타티온을 합성하는 등 항산화 시스템을 활성화해서 건강에 도움이 된다고 한다.

현재는 소식이 유일한

장수법이다 ◦◦◦◦◦   우리는 보통 하루 세 끼를 꼬박꼬박 챙겨 먹어야 건강에 좋고 굶으면 건강에 해롭다고 생각한다. 그런데 책 『1일

1식』의 저자 나구모 요시노리(南雲吉則) 박사는 하루 한 끼 식사가 오히려 건강하게 사는 비결이라고 역설한다. 공복 상태에서 '꼬르륵' 하고 소리가 나면 몸이 젊어진다고 한다. 사실 인간이 하루 세 끼를 챙겨 먹은 것은 100년도 채 안 되었다. 인류의 역사는 기아와의 투쟁이었기 때문에, 인체는 굶주림에는 강하지만 배부름엔 오히려 취약하다고 주장한다.

식사량을 줄이면 수명이 늘어난다는 연구는 정말 많다. 식사량을 줄이면 효모 등 미생물은 수명이 3배 늘어나고, 파리는 2배, 생쥐는 1.5배 정도 늘어난다. 하지만 고등생물로 갈수록 소식의 효과는 떨어지며, 영장류에게도 이 효과가 나타나는지 증명하기는 쉽지 않다. 다만 암 발생의 3분의 1정도가 음식과 관련되어 있다고 추정되기도 한다. 지나치게 짠 음식, 태운 고기와 생선, 동물성 지방의 과다한 섭취가 암을 일으키는 요인이 된다. 식사량을 줄이면 이러한 음식들도 덜 섭취할 수 있을 것이다.

소식, 즉 열량 제한의 가장 큰 이점은 활성산소의 생성을 줄일 수 있다는 점이다. 섭취 열량을 제한하면 미토콘드리아 세포막이 강화되어 안에서 만들어진 자유라디칼이 덜 누출되며, 미토콘드리아 수가 늘어나 생체시계가 '젊음'으로 되돌아간다는 주장도 있다. 노화를 억제하려면 결국 활성산소의 양을 적정한 수준으로 유지해야 한다. 그래서 많은 항산화제가 수명 연장 수단으로 각광받았으나 별다른 효과를 보지는 못했다. 그래서 지금까지는 소식이 검증된 유일한 장수법이다.

새에게 부러운 것은

날개가 아니라 폐 .....　　대체로 사람들은 공룡이 포유류보다 먼저 나타났다가 먼저 멸종한 구세대 생물이라고 생각하고, 반대로 포유류는 나중에 등장한 최신 생물군이라고 생각한다. 하지만 따지고 보면 정반대다. 공룡은 포유류보다 나중에 생겼고, 단지 포유류보다 먼저 번성했다.

포유류의 입장에서 공룡은, 덩치도 큰데 행동까지 더 민첩하니 도저히 이길 수 없는 넘사벽의 존재였다. 기동력과 크기에서 밀리는 포유류는 밤에만 활동하는 비주류 생물군이 되었다. 포유류는 지금도 야행성 본능이 살아 있다. 하지만 포유류는 1억 년이 넘는 핍박의 세월 동안, 겉보기에는 비슷하나 몸 안의 구조는 완벽하게 바꾸었다. 그래서 공룡을 포함하여 눈에 띄는 몸집을 가진 동물의 대부분이 멸종되는 시기를 지나, 새로운 출발에서는 공룡을 이겼다. 포유류와 달리 대부분의 공룡은 멸종했으며, 오늘날까지 살아남은 공룡은 '조류'뿐이다(닭은 공룡의 최신판이라고 할 수 있다). 새로운 시대에서 포유류는 공룡(조류)을 이기고 주류 생물군이 되었지만, 아직도 공기 이용 능력은 조류에게 완전히 밀린다.

새의 탁월함은 호흡 효율에서 드러난다. 호흡 효율이란 들이마신 공기가 허파에서 내쉬는 공기로 교체되는 비율을 말한다. 사람을 비롯한 포유류의 호흡 효율은 대략 30퍼센트이며, 이는 곧 들이마신 공기의 30퍼센트밖에 활용하지 못한다는 뜻이다. 그래서 사람은 호흡 효율을 높이기 위해서 심호흡을 한다. 산소가 부족할 때 나오는 하품은 무의식적인 심호흡이다. 그런데 하늘을 나는 새의 호흡 효율은 거의 100퍼센트다. 사람과 달리 새는 공기가 들어오는 통로와 나가는 통로가 따로 분리되어 있어서, 들어온 공기가 허파를 통과해 나가기 때문에 호흡 효율이 높다. 만약 새가 사람의 허파를 달고 있었다면, 공기가 희박한 높은 곳을 날 수 없었을 것이다. 새는 인간이 산소통에 의지해야만 오를 수 있는 높은 산도 단숨에 날아 올라간다. 보통 철새는 서식지를 이동하면서 1000킬로미터, 북극제비갈매기는 북극에서 남극까지 2만 킬로미터 이상을 쉬지 않고 날아가는데, 그렇게 날 수 있는 이유도 바로 효율적인 허파를 가지고 있기 때문이다.

공룡이 등장한 중생대 초기 트라이아스기는 대기 중 산소가 부족한 저산소시대였고, 새(공룡)의 기낭 호흡법은, 날기 위해서가 아니라 저산소 환경에서 좀 더 효율적으로 산소를 확보하기 위해 만들어진 기능이었다. 같은 몸집이라면 새가 포유류보다 10배 정도 오래 산다. 활성산소를 훨씬 적게 만들기 때문이다.

호흡 효율이 나쁘면 무슨 문제가 있을까? 파충류의 호흡 효율은 약

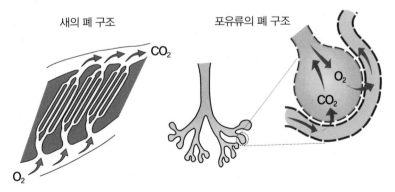

그림 76 조류의 폐와 포유류의 폐에서 공기의 흐름 비교. 포유류는 공기가 들어오는 곳과 나오는 곳이 같기 때문에 호흡 효율이 낮다.

10퍼센트밖에 안 되는데, 아프리카 사람들은 이러한 특성을 잘 이용하여 악어를 잡는다. 물 위에 떠 있는 악어를 긴 막대기로 자꾸 찔러 약을 올리면, 악어는 자꾸 움직이게 되고 점차 힘이 빠진다. 한참 시달림을 당한 악어는 기진맥진해지는데, 이때 끈으로 입을 묶고는 꺼내기만 하면 된다고 한다. 악어는 호흡 효율이 낮기 때문에, 한번에 강한 힘을 낼 수는 있지만 지속적으로 힘을 쓰기는 어렵다. 악어의 호흡 효율이 낮은 이유는 높아야 할 필요가 없기 때문이다. 악어와 같은 파충류는 냉혈동물이다. 그래서 체온 유지에 많은 에너지를 쓰지 않는다. 에너지를 많이 만들 필요가 없으므로 산소도 그다지 많이 필요하지 않다.

암세포와 면역세포는 산소를 쓰지 않을 수도 있다

우리 몸의 세포가 살아가려면 반드시 산소가 있어야만 할 것 같지만, 꼭 그렇지만은 않다. 독일의 의사이자 화학자 오토 바르부르크(Otto Heinrich Warburg)는 1920년대에 면역세포가 다른 세포와 달리 독특한 방법으로 에너지를 얻는다는 사실을 발견했다. 일반 체세포는 미토콘드리아의 유산소 호흡에서 에너지를 얻었지만, 면역세포는 필요에 따라 무산소 호흡으로 에너지를 얻었다. 면역세포도 병원체와 싸우지 않을 때는 주로 유산소 호흡으로 ATP를 생산한다. 그러다가 세균에 감염되는 등 위협적인 존재에 노출되면 면역세포가 활성화되어 그 침입자와 싸우는데, 이때 많은 에너지(산소)를 소모한다. 그러면 면역세포는 무산소 호흡으로 대량의 에너지를 확보한다.

한편 우리 몸에는 오히려 산소를 별로 좋아하지 않는 세포도 있다. 바로 암세포다. 암세포의 가장 큰 특징은, 효율이 낮은 무산소 호흡으로 에너지를 얻기 때문에 엄청나게 많은 포도당을 소비한다는 것이다. 무산소 호흡으로 많은 양의 젖산이 부산물로 생기는데, 이 젖산이 독으로 작용해서 이웃한 정상 세포를 방해한다. 암세포는 혈관을 통해 산소를 원활히 공급받기 힘든 상태인 경우도 많으며, 산소를 이용해 호흡할 때 만들어지는 활성산소는 암세포에게도 치명적인 독이 된다. 암세포가 산소를 잘 이용하지 않는 데에는 나름 충분한 이유가 있는 것이다.

인간은 항온동물인 데다가 특히 뇌가 커서 칼로리를 많이 소비한다. 생존을 위해서는 많은 음식을 먹어야 하며, 같은 양의 음식을 먹더라도 거기서 최대한 많은 ATP를 생산해야 한다. 산소를 이용해서 고효율로 ATP를 얻었지만, 동시에 활성산소라는 굴레에 빠지게 되었다. 사실 인간은 이 활성산소에 나름 잘 대처했다. 그래서 40세까지는 어지간하면 별 문제 없이 노화와 질병에 잘 버틴다. 사실 인간은 탁월하게 오래 사는 편이다. 포유동물 중에서 인간보다 오래 사는 동물은 없다. 다른 포유류를 기준으로 하면 인간의 생물학적 수명은 40세 정도였을 것이다. 그런데 지금 한국인의 평균 수명은 80세를 넘겼고, 100세 넘게 사는 사람도 있다. 다른 포유류보다 2~3배 오래 사는 셈이다. 그럼에도 인간은 여기서 그치지 않고 더 무병장수하기를 꿈꾼다. 인간의 수명을 늘리는 방법은 정말 없는 것일까?

정력식품, 정말 사소한 분자

하나가 바꾼 세상 ~~~~~ 많은 사람이 관심을 가지는 식품은 바로 장수식품과 정력식품이다. 지금까지 장수식품에 대한 그렇게 많은 연구가 있었지만, 어떤 음식을 먹으면 장수할 수 있는지 아직까지는 뚜렷한 답을 찾지 못했다. 장수에 대한 욕망은 영원히 해결되지 않을 것인가? 반면에 장수식품만큼 관심을 많이 받았던 정력식품의 경우 아주 엉뚱한 곳에서 답을 찾았다. 정력에 대한 욕망은 간단한 화학물질로 해결된 것이다. 장수식품의 해법을 찾기 위해서, 먼저 정력식품의 해법이 어떻게 나왔는지를 살펴보며 힌트를 얻고자 한다.

예전에는 '정력에 좋다'라는 말 한마디면 어떤 음식이 아무리 혐오스럽더라도 최고의 음식으로 둔갑하는 경우가 많았다. 한국인의 보양음식과 정력식품에 대한 사랑은 정말 유별난 편이었다. 그래서 한동안 방송에서는, 외국으로 여행을 간 관광객이 곰의 몸에 대롱을 찔러 넣고 웅담즙을 먹거나 야생 뱀을 잡아 뱀탕을 먹는 장면이 등장하곤 했다. 수십 마리 암컷을 거느린 수컷 물개의 성기인 해구신 등 이른바 '스태미나식품'의 인기가 대단했고, 야생동물의 수난도 끊임없었다. 이 때문에 기생충 감염으로 인한 피해도 많았다. 그런데 '비아그라(실데나필)'라는 화학물질이 등장한 뒤로 정말 많은 것이 바뀌었다. 웅담, 뱀탕, 해구신 등은 인기를 잃었고, 보약 시장도 크게 줄었다. 지금 농가에서는 사육하는 540마리 정도의 곰이 판로가 없어 고민이라고 한다. 단순한 화학물질인 비아그라가 과연 우리 몸에서 어떤 작용을 하고 어떻게 세상을 바꿨는지, 그 내막을 제대로 살펴보자.

◈ 폭탄(NO₃) 그리고 섹스(NO)

중국의 4대 발명품 중 하나로 꼽히는 화약의 핵심 성분은 바로 질산(NO_x)이다. 질산은 폭탄과 비료라는 두 얼굴을 가지고 있다. 예를 들어 질산이 암모니아와 결합해 만들어진 질산암모늄은 농업 역사상 최고의 발명품으로 꼽히는 비료지만, 동시에 '비료 폭탄'으로도 쓰인다. 다이너마이트나 TNT(trinitrotoluene) 같은 폭탄은 보통 질산염으로 만드는데, 비료로 쓰이는 질산암모늄 94퍼센트에 중유 6퍼센트를 섞어도 완벽한 폭탄이 된다. 질산은 분자 자체에 질소 1개에 과량의 산소가 있다. 반응 시 순식간에 모든 분자가 질소와 산소로 분해되는데, 액체가 기체가 되면서 1000배 이상 부피가 팽창해 강력한 폭발력을 만든다.

실제로 대량의 질산암모늄이 갑자기 폭발하는 사고도 여러 번 있었다. 1947년 미국 텍사스에서는 항구에 정박 중이던 선박에서 화재가 발생하면서 선박에 실려 있던 2000여 톤의 질산암모늄이 한꺼번에 폭발했다. 건물 1000여 채가 파손됐고 580여 명의 사람들이 목숨을 잃었다. 2004년 북한의 용천에서는 질산암모늄을 운반하던 화물 열차에 용접을 하는 과정에서 폭발이 일어나 많은 사람이 희생되었다. 1995년 오클라호마시 연방정부 건물에 대한 테러 공격에서는 비료 폭탄이 사용되었다. 그래서 질산암모늄과 같은 질소 비료의 유통을 제한하는 국가도 많다.

다이너마이트의 주성분은 글리세린에 질산을 3개 결합한 분자인 니트로글리세린이다. 니트로글리세린은 원래 액체인데, 발명가 노벨이 규조토를 이용하여 이를 안전한 고체 형태로 만들어 전 세계 폭탄의 역사를 바꾸어놓았다. 이때 사용된 규조토는, 규조라고 불리는 수중 단세포식물(시아노박테리아의 일종)의 껍데기가 대량으로 쌓여서 만들어진 것이다. 규조토에는 아주 미세한 구멍이 수없이 많이 나 있어서, 액체인 니트로글리세린을 흡수하여 고체인 다이너마이트로 만든다. 고체가 되면서 안정성이 증가하여 우연한 폭발 사고의 위험이 없어졌다.

다이너마이트를 대량생산하면서부터 전혀 엉뚱한 분자의 비밀이 조금씩 알려지기 시작했다. 그 분자는 바로 일산화질소(NO)다. 다이너마이트 공장에서 일하던 어느 협심증 환자는, 출근해서 다이너마이트를 만들 때는 고통이 덜하고 주말에 집에서 쉴 때는 고통이 심해지는 것을 느꼈다. 약리학자 윌리엄 머렐(William Murrell) 박사는 여기서 아이디어를 얻어, 니트로글리세린에 협심증을 완화하고 혈압을 낮추는 효과가 있는지를 실험했다. 1878년 머렐 박사는 묽게 희석된 니트로글리세린을 투여해 환자를 치료하기 시작했는데, 확실히 효과가 있었다. 머렐 박사는 실험 결과를 세계적인 의학저널 『란셋(The Lancet)』에 발표했고, 협심증 치료제로 니트로글리세린이 보편적으로 사용되기 시작했다. 심지어 노벨도 1896년, 사망하기 몇 달 전에 니트로글리세린을 처방받았다. 그는 친구에게 이런 편지를 썼다. "내가 니트로글리세린을 처방받다니 아이러니한 운명 아닌가? 그런데 의사들은 대중이 두려워하지 않도록 그것을 트리니트린이라고 부른다네."

사실 니트로글리세린이 약으로 작용하는 이유는, 체내에서 효소에 의해 일산화질소로 전환되기 때문이다. 일산화질소는 자동차 엔진에서 방출되는 환경오염 물질이며 스모그·산성비의 원인으로도 알려져 있다. 그런데 의아하게도 그것이 체내에서는 혈관을 팽창시켜 혈압을 낮추고 혈류를 원활하게 하여 협심증 증세를 완화하는 물질이 된다. 일산화질소는 혈관 근육을 이완시키는 신호 물질로, 머리에서 발끝까지 거의 모든 세포의 활동에 개입한다. 아세틸콜린 등이 1차로 세포 밖의 수용체를 자극하면, 그 신호를 바탕으로 세포 안에서 만들어진 일산화질소가 2차 신경전달물질로 작용하여 혈관 근육을 이완시킨다.

평소에 혈중 산소농도가 떨어지면, 혈관 벽의 내피세포는 아르기닌을 이용하여 일산화질소를 생산한다. 그러면 혈관이 팽창해서 혈류량이 증가하고 산소 공급도 늘어난다. 그런데 일산화질소를 계속 생산하지 않고도 혈관 팽창을 유지하는 방법이 있다. 바로 혈관에서 cGMP(cyclic guanosine monophosphate, 고리형구아노신일인산)의 양을 높게 유지하는 것이다. 체내 칼슘 농도가 낮으면 근육이 이완하여 혈관이 팽창하는데, cGMP는 칼슘 농도를 낮추는 일을 한다. 일산화질소는 구아노신삼인산(GTP)에서 cGMP를 만드는 효소를 활성화시킬 뿐이다. cGMP의 농도만 높게 유지하면 칼슘 농도가 계속 낮아 혈관 팽창이 유지된다. 하지만 시간이 지나면 cGMP는 PDE5(phosphodiesterase5)라는 효소에 의해 분해되고 칼슘 농도가 다시 증가해서 혈관이 수축한다.

정력식품 시장에 일대 타격을 가한 비아그라의 작동의 원리가 바로 여기에 있다. 비아그라의 분자 모양은 cGMP와 매우 유사하다. 그래서 분해효소(PDE5)가 cGMP 대신 비아그라에 들러붙어 본연의 임무를 수행하지 못하게 된다. 그렇게 되면 cGMP가 오래 유지되어 남성

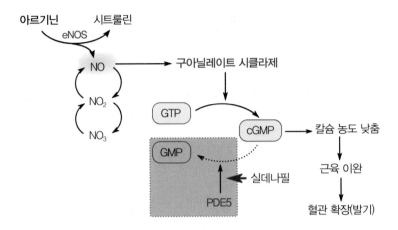

그림 77 비아그라의 작동 원리

성기의 혈관도 계속 팽창한 상태가 되므로 발기도 오래 유지된다.

지금까지 알려진 PDE 효소는 총 12가지다. 이 효소들은 모두 cGMP를 분해한다. 각 효소는 서로 다른 유전자로 만들어지는 만큼 단백질의 형태가 조금씩 다르다. 기관지의 세포에는 주로 PDE4, 눈에는 PDE6, 심장에는 PDE3, 음경에는 PDE5가 많이 분포한다. PDE 효소가 완벽하게 정교하다면 원래 목적 물질인 cGMP와만 결합했겠지만, 약간은 융통성이 있어서 비슷한 형태의 분자인 비아그라와도 결합한다. 비아그라가 음경의 PDE5가 아닌 다른 PDE와 결합하면 심장마비, 두통, 시각 장애 등 부작용을 일으킬 수도 있다.

비아그라는 원래 심장병을 치료하기 위해 개발되었으나 PDE5 외에 다른 부위의 PDE와는 잘 결합하지 않는다. 사소한 형태의 차이로 심장의 PDE3이 아니라 음경의 PDE5와 잘 결합하는 바람에, 심장과는 관계가 없어지고 발기부전 치료제로 용도가 바뀐 것이다. 그 사소한 차이에 의해, 단순히 심장병 치료제로 그쳤을지도 모를 비아그라가 정력식품 시장을 완전히 바꾸어버린 '해법'이 되었다. 정력식품의 해법이 이렇게 우연히 발견된 것처럼, 장수식품의 해법도 어쩌면 우연히 발견될지도 모른다. 그런 우연한 발견, 세런디피티(serendipity)를 희망해본다.

답은 의외로 기본에
있을지도 모른다 ﹍﹍   정력에 좋다고 하면 혐오 물질도 기꺼이

먹을 정도였던 시절은 '비아그라'라는 화학물질의 등장으로 막을 내렸다. 현재 식품시장 최대의 이슈는 비만이다. 지난 100년간 2만 6000가지가 넘는 다이어트 방법과 수많은 다이어트 식품이 등장했지만, 아무런 소용도 없었다. 그런 비만 문제 또한 어떤 화학물질의 등장으로 갑자기 해결될지도 모른다.

우리의 몸은 일단 확보한 지방을 사용하는 것을 죽도록 싫어한다. 죽을 만큼 힘들게 굶어도 웬만해서는 지방을 분해하려 하지 않는다. 철새, 낙타, 월동하는 동물들은 너무나 쉽게 지방을 연소시키지만, 우리 몸에는 그들과 달리 지방의 연소를 막는 어떤 기작이 존재한다. 만약 과학자들이 그 기작을 억제할 물질을 찾는다면, 비아그라가 그 많던 정력식품을 일소했듯 다이어트 시장에 일대 파란이 일어날 것이다. 다이어트식품이 그렇게 해결된다면, 남은 문제는 장수식품을 찾는 일이다. 그렇게 많은 노력을 기울여왔지만, 아직까지는 성공하지 못했다. 성과를 만들려면 기본으로 돌아가, 생명현상의 가장 근본적인 현상과 우리 몸을 구성하는 핵심적인 물질을 생각할 필요가 있는 것 같다.

우리가 음식을 먹는 목적은 생명의 배터리인 ATP의 합성과 몸을 구성하는 부품이 되는 분자의 확보다. 부품은 망가진 것을 가끔 보충하면 되지만, 배터리는 계속 필요하다. 심지어 배터리를 만드는 과정에서 상당량의 배터리가 소비되기도 하고, 배터리를 만드는 장치가 고장나거나 소모되기도 한다. 만약에 우리 몸에서 ATP가 자동 재생된다면, 산소가 필요 없으니 폐도 필요 없고, 미세먼지 걱정도 없고, 폐암도 없어진다. 필요한 음식의 양도 크게 줄고, 활성산소도 생기지 않으니 노화도 느려지고 질병도 대부분 사라진다.

우리 몸에 포도당만 많아도 호흡할 필요가 없어진다. 우리는 호흡을 통해 포도당을 분해하여 많은 에너지를 만들어내지만, 이렇게 고효율로 ATP를 생산하려면 복잡한 부품이 필요하고 활성산소라는 부작용이 생긴다. 하지만 포도당이 많으면 굳이 산소 없이 발효를 통해 필요한 만큼만 에너지를 뽑으면 된다. 산소가 필요 없으니 노화도 느려지고 질병도 대부분 사라진다. 심장이 훨씬 여유로워지고, 소화기관도 지금처럼 부담스럽게 크게 유지할 필요가 없어진다.

만약 생명체에 글루탐산이 원하는 만큼 무제한 자동 공급된다면 무슨 일이 일어날까? 글루탐산만 있으면 포도당, 물, ATP를 모두 만들 수 있다. 탄수화물, 지방, 단백질을 먹을 필요가 없고 산소를 마실 필요도 없어진다. 영양의 배출만 잘하면 되므로 유지와 방어가 한결 쉬워진다. 에너지 생산을 미토콘드리아에 의존할 필요가 없으므로, 활성산소도 별로 안 만들어지고 노화도 정말 느려질 것이다. 대사 활동의 부담도 크게 줄어들어 질병과 암에 걸릴 일도 매우 적어질 것이다. 물론 생명체 내에 글루탐산이 원하는 만큼 자동으로 생성된다는 상상은 영구기관을 발명할 수 있다는 생각보다 100배는 황당한 것이다. 하지만 만약 글루탐산만 있으면 대부분의 문제가 해결된다는 것은 전혀 황당한 발상이 아니다.

오늘날 우리는 비타민제나 포도당 수액 등 특정 영양소만 들어 있는 제품을 골라서 먹을 수 있다. 하지만 우리 몸은 식이섬유처럼 불필요한 것도 잡다하게 들어 있는 음식을 먹어야 했던 원시인 시절에 맞게 설계되어 있다. 만약 우리 몸을 현대에 맞게 다시 설계한다면, 절대 지금처럼 만들지는 않을 것이다. 예를 들면 이것저것 먹지 않고 포도당(설탕)만 먹고 사는 몸으로 설계할 수도 있다. '골고루 먹어라'라는 소리를 귀에 못이 박히도록 들어온 터라 한 가지 영양소에만 의존한다고 하면 정말 이상하다고 생각되지만, 수액만 먹고 사는 진딧물이나 단물만 먹고 사는 벌새를 생각하면 아주 특별한 것도 아니다. 물론 인간의 몸은 진딧물과 다르게 진화해왔기 때문에 지금의 몸으로 그렇게 편식하면 생명을 유지할 수 없다. 인간은 잡식을 하다 보니 영양분을 스스로 합성하는 능력을 많이 잃어버렸고, 직접 만들어낼 수 없는 다양한 것들을 먹고 살아야 한다.

만약에 글루탐산이 영원히 공급된다면, 우리 몸에 꼭 필요한 기관은 무엇이고 불필요해지는 기관은 무엇일까? 그것이 가능하다면 현재의 유전자만으로 우리 수명을 얼마나 늘릴 수 있을까? 조금 엉뚱하지만, 장수식품을 찾기 전에 우선 이런 질문의 답을 고민해야 우리가 장수하지 못하는 이유를 알 수 있다. 그러한 고민이, 식품과 영양의 진정한 의미를 생각하고 식품의 효능에 대한 과도한 집착으로부터 자유로워지는 계기가 된다면 정말 좋겠다. 식품에 대한 우리의 고정관념은 바뀔 필요가 있다.

◈

단순히 특정 식품 성분에 대단한 효능이 있는 게 아니라, 그 식품을 받아들이는 우리 몸의 다양한 시스템이 그러한 효능을 이끌어낸다. 하지만 그 시스템이 작동되는 와중에 질병과 노화라는 덫에 부딪히기도 한다. 인간은 분명 지구상의 최상위 포식자지만, 한편으론 음식의 덫에 묶인 나약한 존재일지도 모른다.

제7장

진정한 슈퍼생명체란 무엇일까

대장균, 유산균, 코리네균,

그리고… ◇◇◇◇◇   세균은 식품에서 가장 골치 아픈 존재다. 식중독 사고의 주범이기 때문이다. 그런데 유일하게 대접받는 균이 있다. 바로 유산균(젖산균)이다. 유산균은 발효를 통해 젖산을 만들어 다른 유해균의 생육을 억제한다. 그 덕분에 요구르트, 치즈, 김치 등 발효식품이 만들어진다. 유산균은 우리 장내에서도 유해균의 성장을 억제하므로 인기가 높다. 사실 젖산은 우리 몸도 산소가 없을 때 무산소 호흡을 통해 만든다. 젖산이 만들어지는 것은 너무나 흔한 현상인데, 유산균은 이렇게 평범한 일을 하면서 엄청난 대접을 받는 것이다

반면 식품에서 대장균은 혐오의 대상이다. 대부분의 대장균은 인체에 아무런 해도 끼치지 않지만, 위생의 지표가 된다. 즉, 어떤 식품에 대장균이 있으면 지저분한 환경에서 생산되었을 가능성이 높다. 그래서 대장균은 강력한 규제와 비난의 대상이 되었다.

대장균은 환경이 맞으면 불과 20분 만에 분열할 정도로 배양이 쉬워서, 미생물학 실험의 모델 생물로써 사용되어왔다. 대장균은 그동안 오랜 연구 성과가 축적되어 가장 먼저 게놈 분석이 끝난 생물체이며, 인슐린의 개발, 바이오 연료와 효소의 생산 등 의학과 생물공학에 많은 기여를 하고 있다. 인간과 생명에 관한 지식을 축적하는 데에 공헌한 바에 비하면, 대장균은 너무 부정적인 대접을 받고 있다.

코리네균은 뭘까? 대부분 이름조차 모르는 잊혀진 균이다. 악플보다 무플이 서럽다는데, 코리네균은 그 역할의 대단함에 비해 이름조차 잘 알려지지 않을 정도로 푸대접을 당하는 균이다. 코리네균은 글루탐산을 비롯해 수많은 아미노산을 만들어내는 미생물이다. 이 코리네균의 위대함은 부록에서 좀 더 자세히 알아보기로 하자.

한편, 코리네균도 코리네균이지만 그보다도 훨씬 대단한 능력을 가졌으면서도 완전히 무시된 균이 있다. 바로 지구의 위대한 정복자 시아노균(cyanobacteria)이다.

지구의 정복자

시아노균 ○○○○○   지구가 만들어진 당시의 환경은 지금과는 완전히 달랐다. 45억 년 전 지구가 생성된 직후에는 수증기, 메탄, 암모니아 및 수소로 이루어진 대기가 지구를 덮고 있었을 것으로 추정된다. 5억 년 정도가 지나 점점 대기 중에 이산화탄소가 많아졌으나, 이 무렵 산소의 농도는 아직 현재의 약 1000분의 1 정도밖에 안 되었을 것으로 추정된다. 그리고 지구에는 강한 자외선이 내리쬐고 있던 시절이다.

시아노균이 출현한 36억 년 전에도 지구의 환경은 지금과 비교할 수도 없을 만큼 열악했다. 그럼에도 시아노균은 그 환경을 완전히 바꾸어놓을 정도로 성공적으로 번식했다. 사실 지구의 전체 역사에서 세상을 정복한 단 하나의 생명체를 꼽으라면, 인간도 아니고 공룡도 아닌 시아노균을 들어야 할 것이다. 그럼에도 사람들은 대부분 시아노균의 존재조차 모른다. 녹조와 규조 그리고 식물이 시아노균 자체이거나 그 후손임에도 그렇다.

시아노균은 광합성을 하는 세균이다. 시아노균은 원시 바닷물을 이용하여 수소와 ATP를 얻었고, 이것들과 이산화탄소를 이용하여 포도당을 만들었다. 그리고 산소를 노폐물로 배출했다. 지구 최초로 광합성을 한 것이다. 이 과정이 수십억 년 동안 지속되면서 지구의 생태계는 완전히 바뀌었다. 대기 중의 산소가 늘어나면서 지구 상공 20~30킬로미터 높이에 오존층이 만들어졌고, 태양에서 오는 자외선이 어느 정도 차단되었다. 오존 덕분에, 원래 자외선을 피해 수심 10미터가 넘는 바다 깊숙한 곳에서만 살던 생물들이 수면 위로 올라와 살 수 있는 환경이 되었다. 시아노균이 만든 산소가 지구의 생태환경을 크게 개선한 것이다.

시아노균은 지구에 있던 이산화탄소의 99퍼센트를 소비했다. 지금은 대기 중의 이산화탄소 농도가 0.035퍼센트에 불과하지만, 과거에는 이보다 1000배 이상 많았던 시간이 상당히 오래 지속되었다. 시아노균이 그런 이산화탄소를 소비하는 대신에, 원래는 거의 없었던 산소를 지금은 대기 중에서 최대 35퍼센트를 차지할 정도로 많이 만들

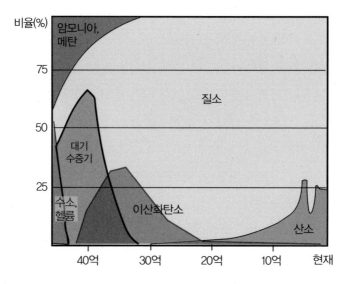

비율(%)

암모니아, 메탄

75

질소

50

대기 수증기

25

수소, 헬륨

이산화탄소

산소

40억   30억   20억   10억   현재

그림 78 지구의 탄생 이후 대기 조성의 변화(출처: O2H2O)

었다.

게다가 이 35퍼센트가 전부는 아니다. 시아노균은 훨씬 많은 산소를 만들었는데, 그 산소가 바닷물에 녹아 있던 황이나 철 이온을 산화시키고 남은 양이 그 정도다. 초기 바다에는 엄청난 양의 철 이온이 있었다. 그 철 이온이 시아노균이 만든 산소에 의해 산화철이 되어 침전되었고, 지금 인간이 채굴하는 철광석이 만들어졌다. 시아노균이 대기뿐 아니라 바닷속 환경도 바꾼 것이다.

그리고 시아노균의 산소는 거대 생물군의 출현에도 결정적인 기여를 한다. 동물의 거대한 몸집은 콜라겐이나 셀룰로스 같은 견고한 분자로 만들어지는데, 이러한 분자가 만들어지려면 산소가 있어야 한다. 그리고 거대한 동물은 산소를 이용해 효과적으로 ATP를 생산하

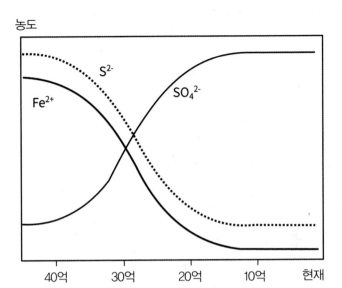

농도

Fe²⁺ · · · S²⁻ · · · SO₄²⁻

40억 30억 20억 10억 현재

그림 79 시간에 따른 바닷속 철 이온과 황 이온의 변화. 철 이온은 철광석이 되고 황 이온은 황산염이 되었다. 시아노균이 만든 산소 덕분이다. (출처: De la Rosa et al., 2006)

여 그 몸집을 유지할 수 있다. 시아노균 덕분에 지구의 생명이 엄청나게 다양해졌다.

외계 행성을 인간이 살 수 있는 지구처럼 개조하는 일을 '테라포밍(terraforming)'이라고 한다. 시아노균은 이 테라포밍이 가능한 생명체로 꼽힌다. 화성을 지구처럼 만들고 싶다면 시아노균을 화성으로 파견하면 된다. 시아노균이 화성의 대기환경을 지구처럼 만드는 데는 고작 300년 정도밖에 걸리지 않을 것으로 추정된다. 엄청난 번식력을 가지고 있기 때문이다. 시아노균의 번식력은 녹조가 한순간에 번창하는 모습을 보면 짐작할 수 있다. 녹조가 순식간에 창궐할 수 있는 이유는, 광합성 능력 말고도 자체에 질소고정 능력이 있어서 단백질마저 무한정 만들 수 있기 때문이다. 시아노균은 이산화탄소와 몇 가지 무기염류만 풍부하면 스스로 모든 것을 합성하여 번성한다. 특히 시아노균은 인산염을 축적하려는 성질이 있으므로, 부영양화로 하천에 인산염이 풍부해지면 순식간에 녹조로 덮인다.

시아노균에는 광합성을 하는 세포와 질소를 고정하는 세포가 공생한다. 광합성 세포(영양세포, vegetative cell)가 주를 이루고, 군데군데 질소고정 세포(이형세포, heterocyst)가 있다. 광합성 세포는 광합성을 통해 만든 포도당을 질소고정 세포에 제공한다. 질소고정 세포는 단단한 외벽으로 산소의 출입을 철저히 차단하고 광합성 세포에게서 질소 분자와 글루탐산 그리고 포도당을 얻는다. 질소고정 세포는 포도

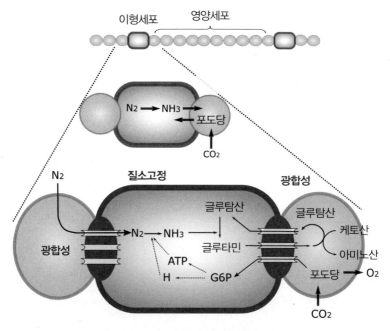

그림 80 시아노균에서 이형세포와 영양세포의 역할 분담

당을 분해하여 에너지(ATP)와 수소이온을 만들고, 광합성 세포가 보내준 질소에 수소이온을 결합하여 암모니아를 만든다. 그리고 글루탐산에 암모니아를 결합해 글루타민을 만들어 광합성 세포에 보내준다. 포도당을 얻고 아미노산을 주는 것이다. 시아노균의 이러한 질소순환은 오늘날 콩과 식물과 뿌리혹균의 공생과 닮았다. 콩과 식물은 광합성을 해서 뿌리혹균에게 포도당을 주고, 뿌리혹균은 질소를 고정해준다. 시아노균이 지구에 등장한 이후 지난 36억 년간 생물들이 엄청나게 달라진 것처럼 보이지만, 가장 기본적이고 핵심적인 기능은 그대로인 것이다.

시아노균이 모든 것을

바꾸었다 〰〰〰 1969년 미국 코넬대학의 생태학자 로버트 휘태커(Robert Harding Whittaker)는 『사이언스』에 '5계 분류 체계'를 발표했다. 생물을 다섯 가지로 분류했는데, 각각 모네라계(monera, 원핵생물), 식물계, 동물계, 균계, 원생생물계다. 당시에는 나름 정교한 분류였지만, 점차 유전자 분석이 일반화되면서 생명의 분류 체계에 일대혁신이 일어났다. 모든 세포 생물이 공유한 리보솜 RNA의 유전자를 해독해 염기 서열을 비교한 결과, 모네라계는 세균(bacteria)와 고균(archaea)으로 나뉘어야 하고 나머지 4계는 별 차이가 없어 진핵생물 하나로 묶어야 한다는 결론에 이른 것이다. 그래서 지금은 세균, 고균, 진핵생물 이렇게 3역(域)으로 분류한다.

시아노균은 최상위 포식자인 인간에 비해 보잘것없어 보이지만, 사실 수십억 년간 지구를 지배했고 지금도 지구를 지배하고 있는 절대 강자다. 시아노균은 조류(藻類, algae)의 일종으로, 조류학자 이노우에 이사오(井上勲)의 책 『30억년의 조류 자연사(藻類30億年の自然史)』에서는 조류를 아래처럼 소개하고 있다.

① 태양계 행성 중에 지구의 대기에만 산소 20%, 이산화탄소 0.036%라고 하는 산소가 풍부한 공기를 가진다. 지구 탄생 초기의 원시대기에서 이산화탄소를 감소시키고, 산소를 대기 중으로 배출하여 현재의 호기적인 환경으로 변화시킨 주역은 조류이다. 즉 조류는 지구환경을 불가역적으로 바꾸어놓은 장본인이라 할 수 있다.

② 지구의 호기적인 대기 출현은 지구환경에서 생물 진화에 결정적인 영향을 미친다. 산소를 사용하여 유기물을 연소하는 산소 호흡이 가능하게 되었고, 때문에 현재의 생물 번영을 가능하게 만든 것이다. 즉 현재 1000만 종 또는 2000만 종이라고 하는 생물다양성을 만들어낸 원동력은 약 30억 년 전의 남조(시아노박테리아)에 의한 산소 발생형 광합성을 출발점으로 한다.

③ 오존층은 유해한 우주선과 단파장의 자외선을 차단한다. 그 덕분에 지구에는 사람을 포함한 동물과 녹색식물이 육상에서 서식이 가능하게 되었다. 오존층을 만들고 생물을 육상으로 진출할 수 있게 한 것은 조류가 30억 년의 시간 동안 만들어낸 기체산소가 있었기 때문에 가능하였다.

④ 농경과 석기로 시작한 인류 문명은 결국 철의 발견과 이용으로 비약적으로 발전하였다. 현대문명은 철에 의해 유지되고 있다고 할 수 있

다. 이러한 지구의 철은 25억~18억 년 전 원시해양에서 일제히 퇴적된 철광상에서 채굴되고 있다. 조류가 방출한 산소에 의해 해수에 녹아 있던 철이 산화되어 해저에 침강, 퇴적된 것이다. 철도와 자동차, 항공기의 문명은 조류의 역할에 빚을 지고 있다.

⑤ 철이 있어도 석유(원유)가 없으면 자동차와 항공기로 대별되는 현대문명은 발생하지 못하였을 것이다. 채굴 가능한 석유의 80%가 중동에 매장되어 있지만, 이 석유는 1~2억 년 전 고지중해(테티스해)에 대증식한 조류와 조류를 출발점으로 하는 생태계의 먹이사슬을 따라 동물 플랑크톤의 사체가 해저에 퇴적되어, 지열 등 외부 인자에 의해 변성을 받아 만들어진 작품이다. 현대문명의 근본을 찾으면 25억 년 전, 그리고 1-2억 년 전의 조류 활동에 의한 철광상과 석유에 의해 유지된다고 할 수 있다.

⑥ 원시지구의 대기를 구성하던 주성분인 이산화탄소 대부분은 탄산염의 형태로 암석에 갇혀 있다. 영국과 프랑스의 국경인 도버해협에 우뚝 솟은 백악단애 또는 분필절벽은 거대한 석회암 덩어리이지만, 덩어리를 형성하는 성분 대부분은 조류이다. 광합성과 동시에 조류는 이산화탄소를 석회암으로 변화시켜 지구환경을 유지하고 있는 것이다.

⑦ 생명을 지탱하는 물은 강우로 공급되지만, 비를 만드는 구름을 형성하는 응결핵은 바다의 조류가 생산하는 물질로 만들어진다. 즉 조류가 없었다면, 지금처럼 비가 내릴 수 없을 뿐만 아니라 강한 햇빛도 차단되지 않아, 지구 규모의 가뭄과 고온 현상이 빈번하게 발생되어, 지금과는 전혀 다른 지구환경으로 변화되었을 것이다. 조류는 물 순환과 기후억제 조절자의 역할도 하고 있다.-45~46쪽

조류는 원핵생물과 진핵생물 두 가지가 있는데, 원핵세포로 된 조류를 통틀어 남조(藍藻, blue green algae)라고 한다. 남조를 남색세균 또는 시아노균이라고 부르는데, 그것은 엽록소와 피코시아닌(phycocyanin)이라는 청남색 색소단백질이 많기 때문이다. 녹조(綠潮, water bloom) 현상은 여름에 호수나 저수지 표면이 청색 가루를 뿌려 놓은 것과 같이 파랗게 변하는 현상으로, 이는 남조, 녹조(綠藻, green algae)와 규조 그리고 유글레나 등 다양한 조류가 일으킨다.

시아노균이 우리에게 준 가장 이로운 혜택은 바로 식물을 탄생시킨 것이다. 식물은 인류뿐 아니라 지상의 모든 동물이 살아가는 바탕을 만든다. 식물은 광합성을 해서 포도당과 산소를 만들어내며, 식물이 하루에 합성하는 유기물의 총량은 5억 톤이 넘는다. 이런 식물의 광합성 능력도 시아노균 덕분에 만들어졌다.

시아노균이 산소를 만들자, 그 산소를 이용해 살아가는 세균도 생겨났다. 그 세균이 다른 세균과 공생하여 유산소 호흡을 하는 미토콘드리아가 되었고, 진핵세포가 만들어지는 대변혁이 일어났다. 오늘날 동물·식물·인간은 모두 진핵세포로 이루어진 생명체이며, 유산소 호흡으로 에너지를 많이 얻을 수 있게 된 덕분에 거대한 몸집(다세포)을 가질 수 있게 되었다. 한편 식물에는 진핵세포가 만들어진 이래 또 한 번의 대변혁이 일어났다. 진핵세포에 시아노균이 흡수되어 공생하면서 그 세포가 엽록체가 되었고, 그 결과 스스로 광합성을 하는 식물이 탄생하게 되었다.

우리는 핵심적인 것보다 곁가지에 너무 현혹된다. 인간은 그저 다세포 동물의 한 종에 불과한데, 너무 인간 관점에서만 생명현상을 이

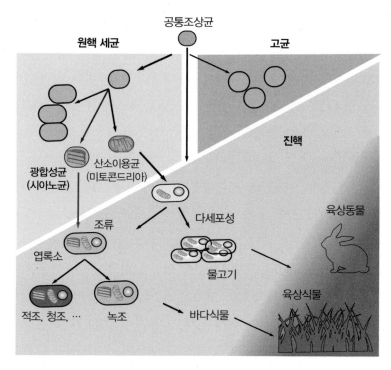

그림 81 세상의 모든 것을 바꾼 시아노균

해하려고 하기 때문이다. 시아노균의 광합성과 질소고정은 정말 복잡하며, 시아노균 덕분에 지구에는 거대한 격변이 일어났다. 시아노균 덕분에 진핵세포가 만들어진 이후의 변화, 인간이 이 세상에 출현하는 등의 사건은 시아노균이 만들어낸 대변혁에 비하면 매우 미미한 것이다.

인간, 의미와 가치를 이해하는 것은

인간뿐 ◇◇◇◇◇　　광합성과 유산소 호흡, 발효를 한 장에 정리하면 생각보다 간단하다(그림 82). 여기에 3대 영양소인 탄수화물, 단백질, 지방이 합성되는 과정도 쉽게 연결할 수 있다. 포도당에서 탄수화물과 지방은 바로 연결이 되지만, 글루탐산은 질소의 고정이 있어야 한다. 글루탐산만 있으면 나머지 아미노산과 단백질은 쉽게 연결된다.

글루탐산이 아미노산의 시작이고 여러 가지 질소화합물의 핵심을 이루는 분자다. 그런데 우리는 글루탐산이 어떤 의미를 갖는지 몰랐으니, 그렇게 간단한 MSG에 대한 오해조차 40년이 넘도록 쉽게 풀지 못했다. 단백질을 알려면 아미노산을 알아야 하고, 아미노산을 알려면 글루탐산을 이해해야 한다. 그리고 글루탐산이 만들어지는 과정을 이해하려면 질소고정을 이해해야 하고, 광합성도 알아야 한다. 그리고 질소고정을 알아가는 과정에서 우리는 암모니아와 질산을 알게 되고, 이에 대한 지식은 다이너마이트와 협심증, 심지어 비아그라에 대한 지식까지 연결된다. 이렇게 서로 다른 지식이 연결되면 의미는 스스로 드러난다.

자연은 단순한 것들이 서로 복잡하게 연결된 세계다. 자연의 단 한 가지라도 제대로 알려면 연결된 모든 것을 알아야 하며, 반대로 하나라도 제대로 알게 되면 그것에 연결된 것들도 저절로 공부하게 된다. 이러한 자연에 인간은 어떤 의미가 있을까? 지구에 인간이 출현한 것은 그리 오래전 일이 아니지만, 그럼에도 인간은 자연의 의미를 이해하려고 노력하는 유일한 존재다. 무언가의 의미는 그것의 의미를 제대로 알아줄 존재가 있을 때, 말 그대로 '의미 있는' 것이 된다. 그렇기에 자연도 우주도 인간이 없다면 아무런 의미도 없을 것이며, 그런 의미에서 인간이야말로 진정한 슈퍼생명체라고 할 수 있다.

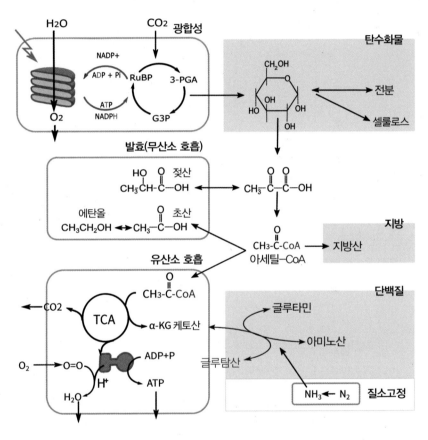

그림 82 광합성, 호흡, 발효와 3대 영양소의 전체 대사 개요

자반고등어 맛의 비밀,
코리네균과 글루탐산

고등어는 우리나라 전 연안에서 대량으로 어획되어 우리 식탁에 자주 오르는 생선이다. 고도불포화지방산과 아미노산, 핵산을 다량 함유하고 있어서 영양 면에서 매우 우수하다. 하지만 불포화지방산은 빠르게 산패하고 비린내가 나기 때문에, 예전부터 우리는 자반고등어(간고등어)를 만들어 먹었다. 이 자반고등어에는 독특한 발효공학이 숨겨져 있다.

그런데 단지 고등어에 소금을 뿌리는 것만으로 그런 맛이 생길까? 그렇지는 않다. 소금을 갓 뿌린 고등어와 소금을 뿌린 후 숙성시켜서 만든 자반고등어는 분명히 현저한 맛의 차이가 있다. 즉 숙성시킨 고등어가 더 감칠맛이 난다는 것을 알 수 있다. 그렇다면 김치를 담글 때 배추에 소금을 뿌리면 물이 빠져나오는 탈수현상처럼 다만 고등어에서 물만 빠져나오면 자반고등어와 같은 맛을 내게 할 수 있을까? 이 또한 그렇지 않다.

결국 자반고등어 맛 속에 숨은 비밀은 숙성되는 과정에서 고등어에 붙어 살아가는 미생물의 작용에 의한 것이다.

음식물을 조리할 때 좀 더 감칠맛을 내기 위해 사용하는 조미료는 아미노산의 일종인 글루탐산(Glutamic acid)이나 핵산을 이용해서 만드는데 주로 설탕을 만들고 남은 폐당밀에 미생물을 키워서 만든다. 조미료를 만드는 산업적 미생물은 코리네박테리움(Corynebacterium)이란 세균이다. 조미료는 설탕을 먹은 미생물의 생체 속에 존재하는 당분을 이용하기 위해 대사공정을 사용하는데, 결국 미생물이 가지는 다양한 화학공장들을 이용하여 설탕에서 최종적으로 맛난 맛 성분인 글루탐산을 만드는 것이다.

신기하게도 잘 숙성되어 아주 맛이 있는 자반고등어 1그램에서는 조미료를 만드는 코리네박테리움이 무려 수천 마리 이상 발견되고 있다. 단지 고등어에 코리네박테리움만 접종시키면 고등어의 맛이 좋아질까? 물론 아니다. 고등어 내에서 코리네박테리움이 살아가는 환경에 따라 맛은 천차만별로 달라진다. 즉 고등어에 너무 많은 소금을 뿌리면 코리네박테리움은 살기가 힘들어지는 대신에 소금을 좋아하는 호염성 미생물이 자라서 비린 맛과 같은 이상한 맛을 내기 때문에 자반고등어의 품질이 좋지 않게 된다.

　-『보이지 않는 지구의 주인 미생물』, 63~65쪽

자반고등어는 예로부터 우리 조상의 경험과 통찰이 깃든 음식이다. 자반고등어의 뛰어난 감칠맛은 고등어가 숙성되는 과정 중에 코리네균이 만든 글루탐산이 일조한 것이다. 김치에서 유산균의 역할이 중요하듯 자반고등어에서는 코리네균이 맛과 위생을 책임지는 고마운 미생물로 작용한다.

코리네균의 세포벽은 단단하지만

투과성이 높다 ∿∿∿∿ 코리네균은 타원 내지는 짧은 막대 모양의 그람(Gram)양성균이다. 세균은 세포벽의 특성에 따라 크게 그람양성균와 그람음성균으로 나뉘는데, 그람양성균의 특징은 세포벽이 주로 펩티도글리칸(peptidoglycan)으로 되어 있다는 것이다. 펩티도글리칸은 당과 아미노산으로 만들어진 단단한 물체로, 세균의 표면을 그물막처럼 감싸 세포벽을 단단하게 하고 삼투압을 견디게 한다. 그람양성균의 세포벽에서 펩티도글리칸은 그 두께가 20~80나노미터이고 무게는 균 건조중량의 90퍼센트까지도 차지한다. 그람음성균은 펩티도글리칸이 7~8나노미터 정도로 건조중량의 10퍼센트 정도를 차지한다.

펩티도글리칸은 기계적 강도는 강하지만 구조가 성겨서 2나노미터 정도의 상당히 큰 분자도 투과할 수 있다. 그람양성균은 세포벽이 단단한 대신에 세포막이 얇아 투과성이 높고, 그람음성균은 세포벽이 얇아 물리적 강도가 약한 대신에 세포벽 안과 밖에 이중으로 존재하는 세포막 덕분에 투과성이 낮다. 덴마크의 의사 한스 크리스티안 그람(Hans Christian Gram)이 고안한 염색법으로 세균을 염색하면, 그람양성균과 그람음성균을 쉽게 구분할 수 있다. 두 균 모두 색소에 염색이 되는데, 탈색 단계에서 차이를 보인다. 탈색제로 사용되는 알코

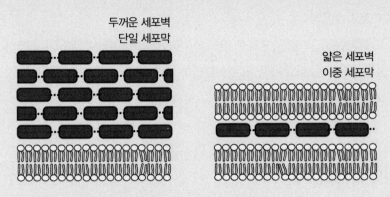

두꺼운 세포벽
단일 세포막

얇은 세포벽
이중 세포막

그림 83 그람양성균(왼쪽)과 그람음성균(오른쪽) 세포벽의 차이

올이 여러 층의 펩티도글리칸을 탈수시켜 분자 사이의 공간을 좁혀버린다. 그래서 그람양성균의 경우 색소가 밖으로 빠져나오지 못해 탈색되지 않는다. 반면에 그람음성균은 펩티도글리칸이 얇아 알코올에 의해 세포벽이 충분히 단단해지지 않으므로 색소가 쉽게 빠져나간다.

그람양성균은 생식세포인 내생포자(endospore)를 만들 수 있고, 내부에서 만들어진 물질을 균체 밖으로 배출하는 특성이 있다. 그람음성균은 내생포자를 만들지 않고 세포막의 투과성이 낮아 세제, 약물, 염색 등에 강하다. 그람양성균 중에서 코리네균이나 유산균같이 인간에게 이로운 물질을 배출하는 것은 유용하게 쓰인다. 유산균은 유해 세균의 번식을 억제하므로, 각종 발효식품, 의약품, 가축 사료 등으로 광범위하게 활용되고 대접받고 있다. 코리네균은 글루탐산을 만들어 자신이 소비하지 않고 체외로 배출한다. 그래서 MSG를 대량생산하는 데에 쓰인다.

코리네균의

영양원 ..... 미생물이 유리 아미노산을 몸 밖으로 배출·축적하는 현상은 오래전부터 알려져 있었다. 예를 들어 대장균은 알라닌, 글루탐산, 아스파트산, 히스티딘 등의 아미노산을 분비하며, 특히 균의 증식에 필요한 양보다 더 많은 여분의 암모늄염을 공급하면 아미노산을 다량 축적한다. 이런 특성을 이용하여 아미노산을 생산하는 특허가 1950년대부터 등장했다.

1955년 이후 일본에서는 당질과 암모니아를 미생물에게 공급하여 아미노산을 산업적으로 생산하는 방법이 확립되었다. 일본의 조미료 회사인 교와발효공업(協和醱酵工業)이 코리네균을 이용하여 글루탐산의 산업적 생산에 처음으로 성공했다.

코리네균은 그 이름조차 생소한 균이지만, 우리는 코리네균 덕분에 수많은 혜택을 누리고 있다. 코리네균은 아미노산뿐만 아니라 수많은 유용한 물질을 생산하는 미생물 공장으로서 이상적인 특성을 가지고 있다. 그렇다고 코리네균이 특별한 것을 먹지는 않는다. 탄소와 질소, 그리고 소량의 미네랄이 필요할 뿐이다. 우리는 음식을 너무 복잡하게 생각한다. 하지만 자연의 대부분은 편식하고, 매우 단순한 것만 먹고 산다. 미생물도 그렇다.

◈ 탄소원(CHO)

글루탐산 발효에 가장 많이 필요한 것은 당연히 탄소원이다. 탄소원이란 탄수화물과 지방과 같은 탄소화합물을 말한다. 스스로 광합성을 하는 미생물이 아니라면 외부에서 탄소원을 공급받아야 한다.

코리네균에게 공급하는 탄소원으로는 주로 탄수화물이 쓰이는데, 포도당이나 설탕을 쓰면 발효액으로부터 글루탐산을 쉽게 분리하고 정제할 수 있으나 가격이 비싸다. 그래서 가격이 저렴한 전분 당화액, 사탕무 당밀, 사탕수수 당밀 등이 주로 쓰인다. 당밀은 사탕무나 사탕수수로 설탕을 만드는 과정에서 나오는 부산물로, 설탕의 10~15퍼센트 정도가 생산된다. 그 당밀을 이용하여 MSG를 만들거나 알코올, 빵효모, 구연산 등을 생산하기도 한다.

전분질 원료로는 고구마, 감자, 타피오카, 밀 등 저렴한 것들을 쓸 수 있는데, 코리네균에게 제공할 때는 전분을 포도당으로 분해해서 주어야 한다. 과당이 여러 개 결합한 분자인 이눌린도 좋은 발효 원료다. 목재의 셀룰로스도 가수분해하면 포도당이 되므로 발효 원료가 될 수 있다. 심지어 석유의 일종인 메탄, 에탄, 프로탄도 쓸 수 있고, 양초나 화장품을 만드는 데에 쓰이는 파라핀도 탄소원으로 쓸 수 있다. 유전자가 적어 기능이 제한적인 미생물이 오히려 인간처럼 유전자가 많은 고등 생물보다 식재료에 훨씬 관대하다.

◈ 질소원(N)

코리네균도 생존하기 위해서 단백질이 반드시 있어야 하고, 단백질을 만들려면 질소가 필요하다. 그렇다고 코리네균에게 인간이 먹는 고기를 먹일 필요는 없으며, 이용 가능한 형태로 고정된 질소를 주면 된다. 질소원으로는 황산암모늄, 염화질소, 인산암모늄 등 물에 녹아 암모니아가 만들어지는 물질이 주로 사용된다.

코리네균은 이론적으로 포도당 1분자로부터 글루탐산 1분자를 생성할 수 있다. 그리고 이때 암모니아 2분자 또는 요소 1분자(요소 1분자는 암모니아 2분자를 함유)가 필요하다.

◈ 미네랄과 유기 촉진 물질

코리네균에게 필요한 미네랄은 칼륨(K^+), 나트륨(Na^+), 마그네슘(Mg^{2+}), 철분(Fe^{2+}), 망간(Mn^{2+}) 등의 양이온과, 인산염(PO_4^-), 황산염(SO_4^{2-}), 염소(Cl^-) 등의 음이온이 있다. 비오틴(biotin)이나 비타민B1 등이 필요한 경우도 많다. 비오틴은 황을 함유한 비타민으로 탄수화물에서 지방이 합성되는 대사에 관여하는 조효소다. 비오틴은 육류, 생선류, 가금류, 난류, 우유 및 유제품 등 주로 동물성 식품에 풍부하다. 코리네균에게는 고기 추출물, 효모 추출물, 당밀, 콩이나 땅콩 단백질, 카세인 분해액 등으로 비오틴을 공급한다. 비오틴은 코리네균 배양액 1리터당 5마이크로그램 이하의 소량이 필요한데, 비오틴의 양을 조절하면 세포막을 이루는 지방의 합성을 억제해서 코리네균의 글루탐산 배출 능력을 높일 수 있다.

코리네균의

생육조건 〰〰〰 코리네균은 산소가 있으면 잘 자라지만 산소가 없어도 별 문제가 없는 통성 혐기성 균이다. 섭씨 30~37도에서 잘 자라고, 20도 이하에서는 생육이 나빠지며, 42도 이상에서는 전혀 생육하지 못한다. pH 6~8에서 잘 자라며, pH 5 이하 또는 9 이상에서는 생육에 지장을 받고, pH 3 이하에서는 생육하지 못한다. ATP 합성효소가 수소이온의 농도차를 이용해 작동하기 때문에 pH가 너무 낮으면 생육이 곤란하다.

코리네균 발효 기간 중에는 pH, 온도, 공기량, 균체의 양 및 당 농도 등을 관리해야 한다. pH는 암모니아나 요소를 첨가하여 조절하며, 온도는 냉각수를 순환시켜 조절한다. 그리고 살균한 압축공기를 공급하여 배지의 산소·이산화탄소 농도를 조절한다. 발효 조건이 부적당하면 글루탐산은 생성하지 않고 균체만 증식하거나, 젖산, 호박산 등 글루탐산이 아닌 다른 생산물이 다량 생성된다.

◈ 온도

글루탐산 발효는 일반적으로 섭씨 30~35도에서 이루어진다. 온도는 모든 미생물에게 중요한 환경 요인이며 균체의 증식과 효소 활성에 큰 영향을 준다. 온도에 따라 생산물이 달라지기도 한다. 온도에 따라 포도당을 분해하는 속도와 피루브산을 분해하는 속도가 달라지는데, 피르부산이 많아지면 젖산이 다량 생성된다.

◈ pH

배지의 pH 또한 대단히 중요하다. 배지가 중성 또는 약알칼리성이어야 글루탐산을 발효하기 좋다. 그런데 발효가 진행됨에 따라 당이 분해되고 유기산이 생성되어 배지의 pH는 산성으로 기울게 된다. 암모니아 또는 요소 등을 가하여 알칼리성으로 조절해야 한다. 암모니아(또는 수산화나트륨)를 가하면 즉시 pH가 조정되지만, 금방 소비되므로 지속성이 없다. 반면에 요소는 반응이 느린 대신 지속성이 있다. 실시간으로 배지의 pH를 측정하여 알칼리성 물질을 자동 공급해주는 장치를 사용할 때는 암모니아를 이용하며, 그런 장치가 없을 때는 요소를 이용하는 게 편리하다.

◈ 산소

글루탐산 발효는 TCA회로를 돌리는 호기성 발효이므로, 계속 공기를 공급해야 한다. 배지를 교반(攪拌)하면 발효액이 혼합되고 미생물이 균일하게 퍼져서 대사 생산물의 이동과 산소 공급이 용이해진다. 같은 조건에서도 제공하는 공기 중의 산소 분압 차이에 따라 글루탐산의 생산량이 현저하게 달라진다.

글루탐산의
배출 ᴼᴼᴼᴼᴼ   미생물 발효는 세균의 숫자를 늘리는 단계(전 배양)와 그 균을 이용하여 목적하는 산물을 만드는 단계(본 배양)로 나뉜다. 전 배양 단계에서는 단시간 내에 원하는 균을 가능한 한 많이 생산하기 위해, 균의 증식에 유리한 성분을 많이 공급한다. 전 배양을 통해 코리네균을 충분히 확보한 다음에 본격적으로 본 배양을 시작한다.

글루탐산의 합성은 균체 내부에서 일어난다. 따라서 글루탐산의 배출이 생산 못지않게 중요하다. 글루탐산은 단순히 농도차에 의해 수동적으로 배출되지 않으며, 균체가 에너지를 쓰면서 글루탐산 수송체를 이용해 배출하는 것으로 알려져 있다. 글루탐산이 세포막을 통과해 배출될 때 여러 조건의 영향을 받는다. 비오틴 제한, 페니실린의

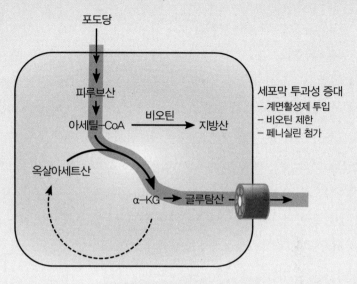

그림 84 글루탐산의 생성과 배출

첨가, 계면활성제 사용 등의 방법으로 세포막을 약하게 하면 글루탐산의 배출량이 늘어난다.

비오틴은 지방 합성에 필수적인 효소인 아세틸-CoA 카르복실화효소(acetyl-CoA carboxylase)의 조효소다. 비오틴을 제한하면 세포막을 구성하는 지방산과 인지질의 합성이 극단적으로 줄어 세포막의 차단성이 약해진다. 페니실린같이 세균의 세포벽 합성을 억제하는 항생제를 사용해도 글루탐산의 배출을 늘릴 수 있다. 다만 페니실린은 세포벽이 없거나 이미 성장한(세포벽을 완성한) 세균에게는 영향이 적다. 계면활성제는 지방을 녹이는 특성이 있으므로, 세포막을 손상시켜 글루탐산의 배출을 촉진한다. 세포막에서 글루탐산 배출이 많아질수록 글루탐산의 생산성은 향상된다.

코리네균으로 다양한 물질을

만들 수 있다 ⬦⬦⬦⬦ 1950년대 이후, 코리네균은 글루탐산뿐 아니라 식품, 사료, 의약품 등의 다양한 용도를 가진 소재를 생산하는 데에 이용되고 있다. 특히 글루탐산, 라이신, 트레오닌, 페닐알라닌, 트립토판, 아르기닌, 메티오닌 등의 아미노산과 핵산 관련 물질을 산업적으로 생산하는 데에 쓰인다. 각 아미노산별 용도를 살펴보면, 현재 세계적으로 가장 많이 생산되는 글루탐산은 조미료인 MSG의 원료로 사용되고 아미노산 보충제로도 사용된다. 라이신, 트립토판, 메티오닌은 사람이나 동물의 체내에서 합성되지 않는 필수아미노산으로, 식품이나 사료의 첨가물로 사용된다.

라이신은 동물의 성장을 촉진하는 필수아미노산으로서, 동물 체내에서 가장 빠르게 결핍되는 아미노산이다. 면역 증강 효과가 있는 물질로도 알려져 있다. 보통 사료에는 라이신이 부족한 경우가 많은데, 사료에 라이신을 첨가하면 사료 영양분의 균형이 맞춰져서 영양분 흡수 효율이 올라간다. 따라서 라이신이 첨가된 사료는 가축이 잘 자라게 하며, 소화·흡수되지 않고 암모니아로 배출되는 단백질(아미노산)을 줄여 친환경적이다. 전 세계 라이신 시장은 2009년의 판매량 125만 톤(매출 2조 5000억 원) 규모에서 2014년의 210만 톤(4조 2000억 원) 규모로 연평균 10퍼센트 이상 꾸준히 성장하고 있다. 이러한 성장세는 2020년까지 지속되어, 라이신 시장은 판매량 300만 톤(6조 원) 규모 이상을 기록할 것으로 전망된다.

코리네균으로부터 만들어진 프롤린은 아미노산 수액과 혈압 강하제로 이용된다. 오르니틴, 시트룰린, 아르기닌은 혈중 암모니아를 요소로 바꾸어 배설하는 요소회로에 관여하는 아미노산으로, 간 기능 장애의 치료제로 사용된다. 아스파라긴산은 피로회복제, 암모니아 해독제, 아미노산 수액, 풍미 개량제, 화장품, 생분해성 킬레이트제 등으로 이용된다. 메티오닌은 황을 함유한 아미노산으로 라이신과 더불어 사료 첨가용으로 가장 많이 생산되는 아미노산이다. 히스티딘은 아미노산 수액, 위궤양 치료제, 순환계통 치료제, 식품첨가물로 이용된다. 세린은 하이드록시기를 가진 아미노산으로 여러 생체 성분을 생성하는 데에 이용된다. 아미노산 수액으로 사용되며 습윤성이 있어 크림, 로션 등의 화장품에 첨가된다.

시스테인은 황을 함유한 아미노산으로 항산화제인 글루타티온의 일부다. 간과 장의 치료제·해독제, 거담제(가래약) 등의 원료로 이용된다. 글리신은 가장 간단한 형태의 아미노산으로, 음식의 풍미를 높이고 항균 효과도 있다. 산화방지제와 킬레이트제로도 사용된다. 페닐알라닌은 아스파트산과 더불어 고감도 인공 감미료인 아스파탐의 원료다. 티로신은 페닐기를 갖는 아미노산으로 갑상선 기능 향상 등 중요한 생리기능에 작용하며, 주로 의약용으로 사용된다. 트립토판은 호르몬, 색소, 알칼로이드의 원료로 이용되며, 메티오닌·라이신·트레오닌과 더불어 주요한 사료 첨가제로 사용된다. 발린은 사료에 사용

분류	생산 물질
알코올	에탄올, 이소부탄올, 부탄올
유기산	젖산, 호박산, 사과산, 아디핀산, 퓨마르산, 레불린산
당알코올	글리세롤, 소르비톨, 자일리톨
유기물	폴리아민, 락톤, 방향족 물질

표 18 코리네균으로 만들 수 있는 다양한 유기물

되면, 라이신과 마찬가지로 사료 영양분의 흡수 효율을 높이고 동물의 질소 배출을 줄여 환경을 개선할 수 있다.

코리네균으로 이렇게 다양한 아미노산을 생산할 수 있으며, 더 나아가 알코올, 유기산 등 수많은 화합물을 만들어낼 수 있다. 용존 산소 농도가 0.01ppm보다 낮은 상태에서는 에탄올, 젖산, 석신산 등, 산소가 충분한 상태에서 만들어진 것과는 다른 산물이 나온다. 코리네균은 이렇게 어마어마한 미생물 공장으로서 가치 있는 균이지만, 많은 사람이 이 균의 이름조차 잘 모르는 것은 유감스러운 일이다.

가장 기본적인 것이
가장 소중하다

우주와 자연 그리고 생명은 아주 단순한 것에서 시작되었다. 그래서 세상은 생각보다 단순한 법칙에 의해 작동한다. 복잡성의 깊은 곳에도 항상 단순함이 있다. 물리학이 매력적인 이유는 그 단순한 것을 밝혀내어 세상의 원리를 알아내려는 학문이기 때문이다. 예를 들어 'F=ma'라는 뉴턴의 운동방정식은 짧고 단순한 식이지만, 이것 하나로 달과 별의 위치 같은 천체의 운행, 당구공이 부딪히고 대포알이 날아가는 현상 등을 정확히 설명할 수 있다. 물리학자는 우주의 모든 현상을 단 한 가지 방정식으로 설명하려고 애쓰는 사람들이다.

식품 연구원은 어떤 성향의 사람이 많을까? 여러 가지 잡다한 현상을 우표 수집하듯 단순히 많이 모아놓기만 하는 사람이 많을까, 아니면 그 현상들을 통합적으로 설명할 수 있는 원리를 찾으려 노력하는 사람이 많을까? 아쉽게도 후자의 경우는 드문 것 같다.

지금은 종합적인 이해력이 필요해진 시대다. 정확한 이해를 위해 필요한 것은 단순한 팩트가 아니라 원리로 촘촘히 연결된 지식의 프레임이다. 지식의 의미는 '정보'가 아니라 그것이 연결되는 '사이'에 있다. 겉보기에는 완전히 달라 보이는 서로 다른 현상도 군더더기를 제거하고 그것들을 온전히 연결해보면 실체가 드러나고 패턴이 발견된다. 팩트를 연결해서 패턴을 발견하는 것에서 지식의 온전한 이해가 시작되고 지혜가 발휘되기 시작한다. 지식은 수집보다 연결이 더 중요한 것이다.

'글루탐산'이라고 하면 이름조차 모르거나, 그저 감칠맛을 내는 아미노산 정도로 아는 사람이 많을 것이다. 나도 그랬다. 그러다 『감칠맛과 MSG 이야기』를 쓰면서 글루탐산에 대해 기본적인 것을 알게 되었고, 이번에 이 책을 쓰면서 글루탐산과 관련된 더욱 깊은 지식을 얻게 되었다. 글루탐산 덕분에 아미노산과 단백질의 의미를 다시 생각해보고, 그것들이 어우러진 생명현상의 전체적인 풍경을 보게 된 것이다. 내가 책을 쓰기 시작할 때는 단백질에 좀 더 집중하고 싶었는데, 생각보다 깊이 있게 다루지 못해 아쉬움이 남는다. 그래도 글루탐산 덕분에 단백질도 이야기해볼 수 있어서 즐거웠다.

내가 자연과학에 흥미를 가지고 본격적으로 과학책을 보기 시작한 계기는 진화생물학자 닉 레인(Nick Lane)이 저술한 『미토콘드리아(Power, Sex, Suicide)』라는 책이었다. 닉 레인은 미토콘드리아를 중심으로 생명에서 가장 핵심적인 질문을 숨 막히는 추리소설처럼 풀어냈다. 서양에는 이런 책이 많다. 특히 산소, 질소, 물 등 단 한 가지 분자를 가지고 그것을 둘러싼 현상에 대한 묵직한 질문을 던지며 그것의 진정한 의미를 찾아보는 책이 많다. 이러한 책을 읽으면 지식이 연결되고 생명현상이 새롭게 보이기 시작한다.

막연히 그런 책을 써보고 싶다고 생각하던 중, 글루탐산을 만났다. '왜 엄마 젖에는 글루탐산이 많을까?'라는 질문으로 여정을 시작하여 생명의 기본이자 핵심이 되는 현상들을 연결해 살펴보았다. 글루탐산의 가치와 의미를 다양하게 알아보았지만, 그래 봐야 이 책에 쓰인 내용은 글루탐산의 진정한 의미 중 일부만을 밝혔을 뿐이다. 글루탐산은 더 많은 연구가 필요한 분자다. 그래도 세상에는 아직 글루탐산을 제대로 다룬 책이 없었으므로, 이 책은 그러한 연구의 시작으로서 의미가 있는 것 같다.

그동안 자연과학에는 너무 세분화되고 전문화된 지식만 많았다. 갈수록 세밀하게 쪼개기만 하지 그것을 종합해서 전체적인 의미를 찾으려는 노력은 별로 하지 않았다. 그래서 전문 지식은 많아졌지만 인간과 자연에 대한 종합적 이해력은 퇴보한 것이다. 식품과 영양에 대한 지식도 그렇다. 사람들은 보통 흔한 영양소보다 흔하지 않은 영양소를 특별히 대접한다. 하지만 어떤 영양소가 흔하다는 건 그것이 우리 몸에 가장 기본적인 물질이라는 뜻이다. 가장 기본적인 것을 제대로 이해하는 게 훨씬 의미 있는 일이다. 가장 기본적인 것이 가장 소중하다.

김홍표, 『먹고 사는 것의 생물학』, 궁리, 2016.

나구모 요시노리, 양영철 역, 『1일1식』, 위즈덤하우스, 2012.

노정혜 외, 『물질에서 생명으로』, 반니, 2018.

닉 레인, 김정은 역, 『미토콘드리아』, 뿌리와이파리, 2009.

닉 레인, 양은주 역, 『산소』, 뿌리와이파리, 2016.

다카야마 미쓰오, 전숭종 역, 『단백질공학 입문』, 월드사이언스, 2007.

러셀 L. 블레이록, 강민재 역, 『죽음을 부르는 맛의 유혹』, 에코리브르, 2013.

마크 호, 고문주 역, 『원자와 우주 사이』, 북스힐, 2011.

밥 홈즈, 원광우 역, 『맛의 과학』, 처음북스, 2017.

스티븐 R. 건드리, 이영래 역, 『플랜트 패러독스』, 쌤앤파커스, 2018.

오태광, 『보이지 않는 지구의 주인 미생물』, 양문, 2008.

이광원, 「글루탐산나트륨의 안전성 이슈에 대한 과학적 고찰」, 『식품과학과 산업』
　　2016년 3월호, 48~61쪽.

이노우에 이사오, 윤양호 역, 『30억년의 조류 자연사』, 전남대학교출판부, 2017.

이성행, 「Actin-Cytoskeleton 조절과 세포내에서의 기능」, 한국분자·세포생물학회
　　웹진, 2010년 7월호.

장판식 외, 『식품효소공학』(개정판), 수학사, 2017.

정해상, 『미생물의 세계』, 일진사, 2016.

제럴드 폴락, 김홍표 역, 『진화하는 물』, 지식을만드는지식, 2017.

짐 알칼릴리·존조 맥패든, 김정은 역, 『생명, 경계에 서다』, 글항아리, 2017.

최낙언, 『Flavor 맛이란 무엇인가』, 예문당, 2013.

최낙언, 『물성의 원리』, 예문당, 2018.

최낙언, 『식품에 대한 합리적인 생각법』, 예문당, 2016.

최낙언·노중섭, 『감칠맛과 MSG 이야기』(개정판), 리북, 2015.

토머스 헤이거, 홍경탁 역, 『공기의 연금술』, 반니, 2015.

太田静行, 『うま味調味料の知識』, 幸書房, 1992.

Anthony M, and Blumenthal H et al., *Umami: The Fifth Taste*, Japan Publications Trading, 2014.

Bjarnadóttir TK, Gloriam DE, Hellstrand SH, Krisitiansson H, Fredriksson R, and Schiöth HB, 2006. "Comprehensive repertoire and phylogenetic analysis of the G protein-coupled receptors in human and mouse", *Genomics* 88: 263-73.

Burkovski A(Ed.), *Corynebacterium glutamicum: From Systems Biology to Biotechnological Applications*, Caister Academic Press, 2015.

De la Rosa MA, Molina-Heredia FP, Hervás M, and Navarro JA, 2006. "Convergent Evolution of Cytochrome c6 and Plastocyanin"; pp. 683-96 in Golbeck JH(Ed.), *Photosystem I: The Light-Driven Plastocyanin:Ferredoxin Oxidoreductase*, Springer.

Hawkins RA, O'Kane RL, Simpson IA, and Viña JR, 2006. "Structure of the Blood-Brain Barrier and Its Role in the Transport of Amino Acids", *The Journal of Nutrition* 136: 218S-26S.

Matsuhisa N, Mikuni K, Blumenthal H, and Barbot P, *Dashi and Umami: The Heart of Japanese Cuisine*, Cross Media, 2009.

Mouritsen O, Styrbaek K, Mouritsen JD, and Johansen M(Trans.), *Umami: Unlocking the Secrets of the Fifth Taste*, Columbia University Press, 2015.

Zhiting L, Yuan G, Jidong L, Hua Q, Mouming Z, Wei Z, and Shubo L, 2016. "Microbial synthesis of poly-γ-glutamic acid: current progress, challenges, and future perspectives", *Biotechnology for Biofuels* 9: 134.

http://helpline.nih.go.kr

http://www.cdc.go.kr

http://www.ozh2o.com/h2origin3.html

https://en.wikipedia.org/wiki/ATP_synthase

https://en.wikipedia.org/wiki/G_protein-coupled_receptor

https://en.wikipedia.org/wiki/List_of_the_verified_oldest_people

https://en.wikipedia.org/wiki/Nitrogenase

https://www.nobelprize.org/prizes/chemistry/2003/popular-information

https://www.umamiinfo.com

내 몸의 만능일꾼, 글루탐산

MSG를 훌쩍 뛰어넘는 아미노산, 단백질, 생명현상 이야기

2019년 1월 17일 초판 1쇄 찍음
2019년 1월 25일 초판 1쇄 펴냄

지은이 최낙언

펴낸이 정종주
편집주간 박윤선
편집 강민우 두동원
마케팅 김창덕

펴낸곳 도서출판 뿌리와이파리
등록번호 제10-2201호 (2001년 8월 21일)
주소 서울시 마포구 월드컵로 128-4 (월드빌딩 2층)
전화 02)324-2142~3
전송 02)324-2150
전자우편 puripari@hanmail.net

ⓒ 최낙언, 2019

디자인 공중정원
종이 화인페이퍼
인쇄 및 제본 영신사
라미네이팅 금성산업

값 15,000원
ISBN 978-89-6462-110-3 (03470)

이 도서의 국립중앙도서관 출판예정도서목록(CIP)은 서지정보유통지원시스템 홈페이지(http://seoji.nl.go.
kr)와 국가자료공동목록시스템(http://www.nl.go.kr/kolisnet)에서 이용하실 수 있습니다. (CIP제어번호:
CIP2019001492)

* 이 도서는 한국출판문화산업진흥원의 출판콘텐츠 창작 자금 지원 사업의 일환으로 국민체육진흥기금을
지원받아 제작되었습니다.